异构网络资源管理技术及性能研究

聂学方 著

西南交通大学出版社
·成都·

图书在版编目（ＣＩＰ）数据

异构网络资源管理技术及性能研究／聂学方著. —成都：西南交通大学出版社，2021.12
ISBN 978-7-5643-8474-6

Ⅰ.①异… Ⅱ.①聂… Ⅲ.①第五代移动通信系统－异构网络－网络信息资源－资源管理－研究 Ⅳ.①TN929.538②TP393.02

中国版本图书馆 CIP 数据核字（2021）第 262887 号

Yigou Wangluo Ziyuan Guanli Jishu ji Xingneng Yanjiu
异构网络资源管理技术及性能研究
聂学方 ◎ 著

责 任 编 辑	黄庆斌
特 邀 编 辑	刘姗姗
封 面 设 计	原谋书装
出 版 发 行	西南交通大学出版社 （四川省成都市金牛区二环路北一段 111 号 西南交通大学创新大厦 21 楼）
发行部电话	028-87600564　028-87600533
邮 政 编 码	610031
网　　　址	http://www.xnjdcbs.com
印　　　刷	成都蜀通印务有限责任公司
成 品 尺 寸	170 mm × 230 mm
印　　　张	9.75
字　　　数	217 千
版　　　次	2021 年 12 月第 1 版
印　　　次	2021 年 12 月第 1 次
书　　　号	ISBN 978-7-5643-8474-6
定　　　价	68.00 元

图书如有印装质量问题　本社负责退换
版权所有　盗版必究　举报电话：028-87600562

前　言

随着移动智能终端数量的持续增长以及多样化移动新业务应用的推广，高速率无线数据传输需求呈现爆炸式增加。未来第五代无线网络（the fifth Generation，5G）须大幅提升频谱利用率以满足市场传输需求。致密化组网通过增加基站部署密度方式，提升频谱资源利用率是未来 5G 通信的关键方案。基于资本和运营支出考虑，业界普遍认同在传统宏蜂窝网络基础上部署低功率基站形成的异构网络（Heterogeneous Networks，HetNets）是提升频谱资源空间利用率的高效方式。由于频谱资源稀缺，异构网络采用同信道部署方式。然而，严重干扰和负载不均衡明显限制了异构网络性能，需采用有效的资源管理技术予以解决。虽然业界针对异构网络已提出改善网络覆盖及频谱效率的资源管理方案，但网络各参数对性能的影响以及资源最优配置仍没有明确量化。其次，由于密集网络能耗巨大，因此研究能效资源管理方案降低排放具有现实意义。此外，由于低功率基站无规划部署，传统网格模型不再适用，建立通用、易处理且能捕捉基站随机部署特性的网络模型亟待解决。针对以上问题，本书分别针对稀疏和超密集部署异构网络场景，应用随机几何理论建立异构网络理论模型，以提升异构网络信干噪比（Signal-to-Interference-plus-Noise-Ratio，SINR）覆盖、数据速率及能量效率为目标，展开异构网络资源管理技术及性能研究，主要研究工作和创新包括：

第一，回程受限异构网络中小区范围扩张（Cell Range Expansion，CRE）及子信道分配性能分析。基于正交频分多址（Orthogonal Frequency Division Multiple Access，OFDMA）异构网络场景，采用小区范围扩张技术促进负载平衡，同时基于多信道分配方式消除跨层干扰。为了捕捉基站随机部署特性并获得易处理解析结果，建立了回程受限异构网络通用理论模型。在考虑蜂窝负载分布及通用的信道模型基础上，合理建模 OFDMA 网络干扰，并利用随机几何理论推导网络 SINR 覆盖、速率覆盖及能量效率解析式。利用蒙特卡洛仿真验证解析结果的正确性。基于解析结果，进一步分析连接偏置及资源分配系数对网络性能的影响，并获得速率覆盖性能最优的用户连接偏置和资源分配系数以及能量效率最优的基站部署密度。

第二，FeICIC（Further Enhanced Inter-Cell Interference Coordination）异

构网络资源分配联合优化。针对 OFDMA 异构网络，基于联合 FeICIC 和 CRE 方案，建立联合用户连接、功率控制及资源分配方案理论模型。利用随机几何理论推导两层回程受限异构网络 SINR 覆盖及速率覆盖解析表达式。利用蒙特卡洛仿真验证解析结果的准确性。进一步分析网络各参数对网络性能的影响，研究速率覆盖性能最优的网络参数配置。此外，基于网络传输需求，引入自适应基站休眠技术，推导能量效率和频谱效率解析表达式。为了创建频谱和能量有效的异构网络，针对频谱和能量效率多目标联合优化问题，提出 Dinkelbach 迭代和梯度下降低复杂度联合优化算法，获得频谱和能量效率折中的资源分配联合优化方案。

第三，位置感知跨层协作（Cross-Tier-Cooperation，CTC）异构网络性能研究。基于稀疏低功率基站部署的异构网络场景，针对蜂窝边缘区域严重跨层干扰问题，提出了位置感知跨层协作方案。引入协作因子灵活调节协作范围，建立位置感知跨层协作通用模型，利用随机几何理论推导网络 SINR 覆盖及遍历容量解析式，并验证解析结果的准确性以及跨层协作方案的有效性。进一步研究了协作因子对异构网络性能的影响，并提出了协作因子选择策略，为协作传输系统设计提供了理论指导。

第四，跨层群簇协作异构网络用户连接策略研究。基于低功率基站超密集部署异构网络（Ultra-Dense-HetNets，UDHs）场景，针对跨层及同层严重同信道干扰问题，提出以用户为中心的跨层群簇协作传输方案。利用随机几何理论推导超密集异构网络 SINR 覆盖和遍历容量解析式，并量化基站回程容量需求，推导网络成功服务概率及有效遍历容量解析式。进一步研究了基站部署密度、回程容量及协作群簇大小对有效遍历容量的影响，并提出最优群簇协作策略。

本书的研究工作获得国家自然科学基金项目"面向智能车路协同的超密集异构云雾网络资源管理技术研究"（批准号：61961020）的支持。

本书运用随机几何理论建立异构网络模型，研究异构网络资源管理方案及性能，对未来蜂窝网络规划和部署具有一定的指导意义，但由于作者水平有限，加上异构网络随机几何建模方法发展迅猛，各种新方法、新理论在异构网络解析建模上研究日益增多，书中不妥和疏漏之处在所难免，恳请各位专家和广大读者不吝指教和帮助。

聂学方

华东交通大学信息工程学院

2021 年 11 月

缩略语

3GPP	The 3rd Generation Partnership Project	第三代合作伙伴计划
5G	The fifth Generation	第5代移动通信
BBU	BaseBand Unit	基带处理单元
BC	Backhaul Capacity	回程容量
BS	Base Station	基站
Biased RSS	Biased Received Signal Strength	偏置接收信号强度
CDF	Cumulative Distribution Function	累积分布函数
CCDF	Complementary CDF	互补累积分布函数
CoMP	Coordinated Multi-Point	协作多点技术
CRE	Cell Range Expansion	小区范围扩张
CS/CB	Coordinated Scheduling/Beamforming	协作调度/波束赋形
CSM	Conventional Sleep Method	传统休眠方法
CTC	Cross-Tier Cooperation	跨层协作
DHs	Dense HetNets	密集异构网络
DPS	Dynamic Point Selection	动态点选择
DRX	Discontinuous Reception	不连续接收
DTX	Discontinuous Transmission	不连续传送
EC	Ergodic Capacity	遍历容量
EE	Energy Efficiency	能量效率

EEC	Effective Ergodic Capacity	有效遍历容量
eICIC	enhanced Inter-Cell Interference Coordination	增强型小区干扰协调
F-CTC	Full-Cross Tier Cooperation	全网跨层协作
FeICIC	Further eICIC	进一步 eICIC
HCPP	Hard Core Point Process	硬核点过程
H-CRAN	Heterogeneous Cloud Radio Access Networks	异构云无线网络
HetNets	Heterogeneous Networks	异构网络
HPN	High Power Node	高功率节点
ICT	Information Communication Techniques	信息通信技术
i.i.d.	Independent Identically Distributed	独立同分布
ITU	International Telecommunications Union	国际电信联盟
JT	Joint Transmission	联合传输
LPBS	Low Power Base Station	低功率基站
LPNs	Low Power Nodes	低功率节点

目 录

第 1 章 绪论 ··· 1
  1.1 研究背景、目的和意义 ·· 1
  1.2 国内外最新研究进展 ··· 12
  1.3 当前研究存在的问题 ··· 18
  1.4 本书主要研究内容 ·· 20
  1.5 本书组织结构 ·· 21

第 2 章 异构网络资源管理及服务基站距离分布 ······························· 24
  2.1 引言 ·· 24
  2.2 OFDMA 异构网络资源管理方案 ··· 24
  2.3 基于空间点过程基站位置分布 ·· 32
  2.4 异构网络中用户与服务基站间距离分布 ··································· 37
  2.5 数值结果与讨论 ··· 43
  2.6 本章小结 ·· 46

第 3 章 回程受限异构网络中小区范围扩张及子信道分配性能分析 ······ 47
  3.1 引言 ·· 47
  3.2 系统模型 ·· 48
  3.3 性能分析 ·· 56
  3.4 数值结果与讨论 ··· 63
  3.5 本章小结 ·· 69

第 4 章 FeICIC 异构网络资源分配联合优化 ···································· 70
  4.1 引言 ·· 70
  4.2 系统模型 ·· 71
  4.3 性能分析 ·· 77
  4.4 资源分配联合优化 ·· 82
  4.5 数值结果与讨论 ··· 90
  4.6 本章小结 ·· 97

第 5 章 跨层协作异构网络性能分析及用户连接策略研究 ··················· 98
  5.1 引言 ·· 98

5.2 系统模型 …………………………………………… 99
　　5.3 性能分析 …………………………………………… 105
　　5.4 数值结果和讨论 …………………………………… 117
　　5.5 本章小结 …………………………………………… 125
结　论 ……………………………………………………… 127
参考文献 …………………………………………………… 129
学术专著相关研究成果 …………………………………… 144
致　谢 ……………………………………………………… 147

第1章 绪 论

1.1 研究背景、目的和意义

1.1.1 移动通信发展历程

19世纪末,古列尔莫·马可尼首次在英国南部怀特岛与距离18 mi(1 mi ≈1.609 km)之外的一条拖船之间成功地进行了无线传输,这标志着无线通信的诞生,并开启了无线通信技术快速发展历程。近几十年来,移动通信已经历了5代技术革新和演进。

20世纪70年代,贝尔实验室提出了蜂窝的概念[1]。这是利用信号强度随着传输距离的增大而下降的原理,通过两个距离足够远的用户复用相同频率的方式,提高频谱的空间利用率,从而扩大系统容量。这种小区制式通信系统标志着无线通信进入蜂窝移动通信时代。

贝尔实验室于1978年成功研发了第一代(1G)无线通信系统。该系统基于模拟技术,采用频分多址(Frequency Division Multiple Access,FDMA)的接入方式。日本电报电话公司(Nippon Telegraph And Telephone,NTT)于1979年首次商用1G系统。随后,欧美各国相继部署移动电话系统(Nordic Mobile Telephone,NMT-400)。其中,1983年部署在芝加哥的高级移动电话系统(Advance Mobile Phone Service,AMPS)最具代表性。然而,1G通信系统仅支持语音业务。

20世纪90年代初,第二代(2G)移动通信系统开始出现,采用TDMA(Time Division Multiple Access)和CDMA[2](Code Division Multiple Access)两种接入方式。不同于1G系统,2G系统采用数字调制方式。典型的2G系统包括全球移动通信系统(Global System for Mobile Communications,GSM)、IS-95 CDMA及IS-136 TDMA等。2G通信系统明显提高了系统容量,并开始支持数据传输业务[3]。在20世纪90年代中期,演进版本GPRS(GSM Packet Radio System)系统,每个时隙最高数据速率可达21.4 kb/s。1997年推出了GSM数据增强型演进系统EDGE(Enhanced Data rate for GSM Evolution)。该系统采用更高阶调制编码技术,增强了数据处理能力,最高传输速率可达59.2 kb/s[4]。

为了满足日益增长的数据传输需求，第三代（3G）通信系统于2000年提出，支持多媒体业务和应用，支持全球漫游服务[5]，改善了用户体验。3G采用码分多址（CDMA）接入技术[3]。在20世纪90年代初期，国际电信联盟（International Telecommunications Union，ITU）发起了3G标准化进程，力求创建全球统一移动通信标准IMT-2000（International Mobile Telecommunications 2000）。依据该标准，3G蜂窝系统可分别为步行、车载和室内环境用户提供384 kb/s，144 kb/s和2 Mb/s的传输速率。3G标准主要包括WCDMA、CDMA2000、EV-DO（Evolution Data Only）、HSPA（High Speed Packet Access）及TD-SCDMA（Time Division-Synchronous Code Division Multiple Access）等。3GPP（The 3rd Generation Partnership Project）提出的HSPA标准，最高传输速率可达14.4 Mb/s [6]。

第四代（4G）移动通信系统于2011年推出，采用正交频分多址（Orthogonal Frequency Division Multiple Access，OFDMA）接入方式，并纳入了多入多出（Multiple Input Multiple Output，MIMO）空间分集技术，支持宽带数据和移动互联网业务，可提供下行100 Mb/s至1 Gb/s的峰值传输速率[7]。4G系统属技术平滑演进，无需重新设计和改变之前网络架构，具有较低的成本支出[8]。

第五代（5G）移动通信技术研发引发激烈竞争。欧洲委员会在欧盟第七框架规划中，推出了超过10个欧盟项目，其中包括METIS[9]，5GNOW[10]，iJOIN[11]，TROPIC[12]，MCN[13]，COMBO[14]，MOTO[15]和PHYLAWS[16]等。其目标是探索5G网络结构以及功能需求。为了研发5G无线通信技术，欧盟在2007至2013年期间投入超过7亿欧元用于研发5G无线通信技术。从2014年开始，欧盟向5G公私合作伙伴关系[17]（5G Public Private Partnership，5G-PPP）5G技术研发和创新项目——Horizon 2020[18]提供超过7亿欧元资助，以促进5G无线通信技术的革新。日本和美国也相继启动了5G技术的研发。2012年8月，美国启动了毫米波技术及5G其他关键技术的研究[19]。2014年5月，日本公司NTT DoCoMo联合6家供应商启动5G技术试验，其中包括：阿尔卡特朗讯（Alcatel-Lucent）、爱立信（Ericsson）、富士通（Fujisu）、NEC、诺基亚（Nokia）和三星（Samsung）。为了推进5G技术的发展，韩国也投入了大量精力，成立了5G论坛[20]，并资助15亿美元科研基金推进5G技术发展。我国同样致力于开展5G研发工作。2013年2月，工业和信息化部、国家发展和改革委员会以及科技部三个部门联合成立了IMT-2020（5G）促进组，着力推进5G技术发展[21]，并促进国际合作与交流[22]。随着集成电路技术的快速发展，通信系统和终端处理能力的极大增强以及系统带宽不断增加，5G 移动通信系统将支持高速率、低延时、高可靠性及泛在连接服务，显著提升用户体验[23-25]。移动互联网和物联网作为 5G 移动通信发展的两个主要驱动力，将推动移动通信技术和相关产业的新变革。

1.1.2 5G 愿景与市场需求

移动通信经过几十年的技术更新，现已成为人类社会基础信息的连接纽带。在改变人们生活方式的同时，无线通信也推动了国民经济发展并提升社会信息化水平。当前基于 IP 的长期演进（Long Term Evolution，LTE）4G 网络已成为人们日常生活的一部分。随着智能移动终端的应用规模不断扩大以及新业务应用的拓展，基于移动用户的多媒体应用需求急剧增加，例如超高清视频、增强现实、在线游戏及虚拟现实等。这些新的应用场景不仅能满足用户的需求，而且能为网络运营商增加收入开辟了新的视角[26]。5G 通信将渗透社会各个领域，以用户为中心构建信息生态系统，从而提供极佳的用户体验。5G 将满足人们工作、休闲和交通等各领域多样化业务需求[27]，即使在人口分布密集区域亦或超高移动性场景，均可通过泛在连接和无缝切换功能，为用户提供极致体验，实现人与万物的智能互联，具备千亿设备的连接能力，可达千倍容量的增长。5G 将渗透物联网与工业设施、医疗仪器及交通工具等进行深度融合，能有效满足各行业多样化服务需求，随时随地提供高速率、低延时和高可靠性的网络服务，最终实现"信息随心至，万物触手及"的美好愿景[24, 26]。

随着全球人口数量不断增长，移动智能终端规模不断扩大，近年来，无线数据传输爆炸式增长。全球移动数据传输流量增长趋势如图 1.1[28]所示。Cisco 的全球移动数据传输流量预测报告指出，2016 年全球移动数据传输增长了 63%。近 5 年，移动数据传输流量增长了 18 倍。在 2010 至 2020 年期间全球移动数据流量增长将超过 200 倍，截至 2030 年将增长 2 万倍[29]。据统计，2016 年仅占全球移动终端总数 46%的智能手机，其数据传输量是全球移动传输总流量的 89%。2019 年底，智能手机总数将超过网络连接终端总数的 50%[28]。在 2016 年末，全球移动设备总数已达到 80 亿，移动数据传输量已达到 7.2 艾字节（Exabytes，EB）/月，相比于 2015 年，2016 年全球移动终端总数增长 4 亿台，移动数据传输量增加 2.8 艾字节/月。2021年，移动设备总量将达到 116 亿，移动数据传输将达到 49 艾字节/月，相比于 2016 年，移动传输量增加了 7 倍。未来的数据传输量需求将呈现持续快速增长态势。国际电信联盟预测报告指出，至 2030 年，全球移动终端总数将达到 171 亿，其中智能手机占有比例持续增长[25]。

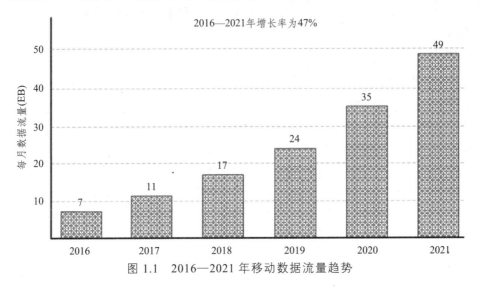

图 1.1　2016—2021 年移动数据流量趋势

1.1.3　异构网络的提出

为了满足指数式增长的数据传输需求，运营商可从三方面提高蜂窝网络的传输速率：① 增加无线频谱资源带宽；② 进一步改善无线链路性能；③ 提高频谱资源的复用率。由于无线频谱资源稀缺，增加可用的频谱资源需付出昂贵代价，而且网络容量增加幅度有限，无法通过线性增加频谱资源的方式实现千倍容量的增长。虽然 30～300 GHz 毫米波频段，尤其是 60 GHz 波段和 E 波段（71～86 GHz）频段通信近年来备受学者关注[30]，但由于当前硬件支持技术能力有限，超 60 GHz 频段的频谱应用有待于硬件技术的进一步开发。另一方面，无线链路技术一直以来是研究者的关注焦点，而单链路无线传输性能已接近香农极限，可获得显著的空间分集增益大规模 MIMO 技术被视为 5G 通信的关键技术之一，目前众多学者正在进一步研究之中。致密化蜂窝部署被视为提升网络容量的有效方案[31-33]，即通过基站的密集部署方式提高频谱的空间利用率，进而大幅提升频谱效率。当前学术界及工业界普遍将蜂窝致密化发展视为 5G 网络迎合市场发展的关键方案[31]。然而，宏基站的密集部署受到昂贵的投资和运营成本限制，并且站点的获取受到人口和地理环境因素制约，因此密集部署塔型宏基站需付出高昂的成本代价。近年来，蜂窝网络拓扑架构已发生了范式转移。学术界和工业界普遍接受一种新型的网络拓扑结构——异构网络（HetNets）。异构网络是指在传统宏蜂窝网络基础上叠加不同类型的低功率基站形成的多层网络架构[34, 35]。其中，低功率基站（Low Power Base Station，LPBS）包括微微基站（Pico BS）、毫微微基站（Femto BS）、射频远端（Remote Radio Head，RRH）、Wi-Fi及中继（Relay）等。在异构网络中，通过密集部署低功率节点，可排除覆盖盲区、改善室内覆盖并提升热点区域用户性能。由于低功率基站的覆盖范围较小，通过密集部署的方式，拉近了移动用户与服务基站之间的距离，降低了信号的功率传输损耗。尤其是低功率基站的室内部署，彻底改变了由于穿墙损耗造成的室内覆盖较弱局面。低功率基站的密集部署提升了频谱资源的空间复用率，因此增加了单位面积内的频谱带宽，从而提高蜂窝网络的资源效率，为用户提供更高的数据传输速率。Femto基站通常部署在室内，不仅避免了信号的穿墙损耗、排除覆盖盲区，而且极大地提升了室内用户体验。在多层的异构网络中，宏蜂窝提供全面地毯式网络覆盖，而小蜂窝（Femtocells和Picocells）改善热点区域及室内用户性能。此外，低功率基站的部署不受地理和人口因素的制约，布设简单且成本有效。据调查，超过60%的语音呼叫和90%的数据服务源于室内[36]。随着移动终端数量的快速增加，未来源自室内的流量需求将继续扩大，异构网络的架构方案符合用户应用需求的发展趋势。随着无线数据传输需求指数式增长，低功率基站密集部署的异构网络是下一代5G移动通信网络适应市场需求的重要解决方案[37]。

异构蜂窝网络逻辑结构如图1.2[38]所示，核心网络（Evolved Packet Core，EPC）和通用无线接入网络（Evolved Universal Terrestrial Radio Access Network，E-UTRAN）构成无线网络系统。其中核心网络包括移动管理实体（Mobility Management Entity，MME）、服务网关（S-GW）以及数据网关（P-GW）。通用无线接入网络负责传送/接收用户信息。家庭基站网关（Home eNode Base Station GateWay，HeNB GW）为毫微微基站[39]（HeNB/Femto BS）接入无线网络提供服务。异构网络各层基站通过S1接口与核心网络连接，X2接口用于基站之间的协作和移动切换。从图中可看出，宏基站（eNode Base Station，eNB）和微微基站（Pico）之间存在X2接口，宏基站和微微基站协作传输可以通过X2接口进行。中继节点（Relay）为无线访问节点，可采用有线或无线回传方式，为宏基站转发相关数据，延伸了宏蜂窝层网络服务范围。

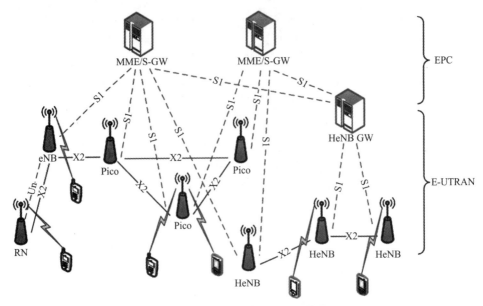

图 1.2 异构蜂窝网络逻辑结构

Pico 基站是传统宏基站的缩小版[40,41]，通常部署于人口密集的热点服务区域，例如机场、火车站、公共广场、商业中心和办公楼等。Femto 基站类似于 Wi-Fi，通常由用户自由部署于室内，用来改善室内覆盖和传输速率。异构蜂窝网络部署场景示意图如图 1.3 所示。Pico 基站的回程链路结构类似于 Macro 基站回程网络结构，通过光纤等有线回程链路连接到核心网络，

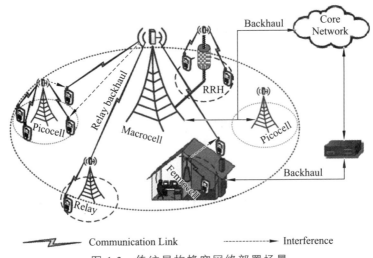

图 1.3 传统异构蜂窝网络部署场景

而 Femto 基站回程链路需通过互联网回程与核心网络相连。由于低功率基站（Femto，Pico 基站）的用户数量较少，基于成本角度考虑，其回程链路容量通常相对有限。因为宏基站的部署受人口和地理因素制约，为了降低传输损耗、拉近用户和服务基站的距离，将射频单元和基带处理单元进行分离是一种有效的方案。射频远端（Remote Radio Head，RRH）通过光纤或无线传输方式与基站侧基带处理单元（BaseBand Unit，BBU）连接，从而拉近用户与服务基站之间的距离。

随着低功率基站不断密集部署，网络管理复杂度及数据传输量逐渐增加，而网络数据均经过核心网络的管理架构，对回程链路具有较高的带宽要求。为了更好地管理网络干扰、减轻核心网络的负担，便于基站间协作处理，采用异构网络吸收云计算功能形成的异构云无线访问网络（Heterogeneous Cloud Radio Access Networks，H-CRAN），拉近了网络与用户之间的距离。H-CRAN 利用云处理平台，通过协作传输提升网络整体性能，被视为人口分布密集城区网络部署的重要方案[42-44]。典型的分布式异构云网络结构示意图如图 1.4 所示，在本书中将传统异构网络和异构云无线网络统称为异构网络。

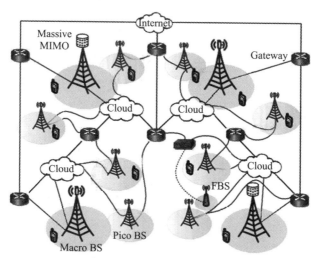

图 1.4　异构云无线网络架构

1.1.4　异构网络面临的挑战

在传统同构宏蜂窝网络的基础上，密集部署小蜂窝基站是未来 5G 通信的关键方案[31, 32]。然而，为了提升网络整体性能，如何有效运行和管理异构网络面临着诸多挑战，主要包括如下几个方面：

1. 严重同信道干扰

相对于传统宏蜂窝网络架构，异构网络结构发生了范式转移。为了充分提高有限频谱资源的利用率，低功率基站同信道密集部署是 5G 无线网络的发展趋势[34,45,46]。在低功率基站密集部署的异构网络中，如果不采取有效的干扰消除技术，严重的同信道干扰将导致蜂窝边缘区域用户性能较差，无法保证用户（User Equipment，UE）的服务质量（Quality of Service，QoS），甚至造成覆盖空洞[47]。作为 4G 和未来 5G 蜂窝网络主要的空口技术，下行链路的 OFDMA 及上行链路的单载波频分多址（Single Carrier-Frequency Division Multiple Access，SC-FDMA）接入方式，使得同蜂窝用户间分配的频谱资源正交化，从而有效避免了蜂窝内部用户之间的干扰，但同信道部署不同蜂窝间的干扰依然存在。特别地，由于不同层基站的发射功率和部署密度各异，蜂窝间的干扰场景异常复杂[48]。这些复杂的干扰场景明显限制了蜂窝边缘区域的覆盖性能[35,49]。异构网络干扰场景如图 1.5[50]所示。为简单起见，将 Pico-/Femtocell 统称为小蜂窝。异构蜂窝网络干扰场景共 8 种典型类型，详细信息如表 1.1 中描述。

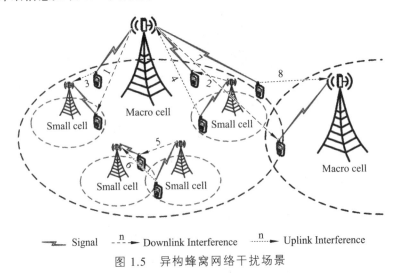

图 1.5 异构蜂窝网络干扰场景

（1）宏蜂窝对小蜂窝用户的下行干扰。位于小蜂窝边缘区域的用户，不但接收有用信号强度较弱，而且要承受较强的宏蜂窝下行链路干扰，尤其当用户距离宏蜂窝较近时，小蜂窝边缘用户的服务质量无法得到保障。这种突出的下行链路跨层干扰可能引起覆盖空洞，严重恶化了边缘区域用户的性能。

表 1.1 异构蜂窝网络干扰类型

序号	干扰源	被干扰对象	上行/下行链路	干扰类型
1	宏蜂窝	小蜂窝用户	下行	跨层
2	小蜂窝	宏用户	下行	跨层
3	宏用户	小蜂窝	上行	跨层
4	小蜂窝用户	宏蜂窝	上行	跨层
5	小蜂窝用户	小蜂窝	上行	同层
6	小蜂窝	小蜂窝用户	下行	同层
7	宏蜂窝	宏用户	下行	同层
8	宏用户	宏蜂窝	上行	同层

（2）小蜂窝对宏用户的下行干扰。宏基站发射功率较高，具有较广的覆盖范围。当宏用户远离宏基站时，宏用户接收服务基站的信号较弱。当该用户邻近小蜂窝时，将遭受明显的小蜂窝下行干扰。特别地，当小蜂窝工作在封闭访问模式下，而宏用户邻近家庭基站时，由于访问权限的限制，即使接收家庭基站信号较强亦无法切换并提供服务，这种严重的跨层干扰场景容易引起覆盖空洞，引起通信中断。

（3）宏用户对小蜂窝的上行干扰。当宏用户位于小蜂窝的邻近区域时，由于宏用户与宏基站之间的距离通常较远，宏用户需要较大的上行发送功率，从而对邻近小蜂窝产生上行干扰。如果不采取干扰协调技术，小蜂窝用户的上行链路性能将明显下降。

（4）小蜂窝用户对宏蜂窝上行链路传输干扰。在宏基站附近的小蜂窝用户对宏蜂窝将产生较强的上行链路干扰[51]。而当距离服务基站比较近并远离宏基站时，尤其是部署在室内的小蜂窝，当用户也位于室内时，由于穿墙损耗导致上行链路的干扰信号较弱，小蜂窝用户对宏蜂窝的上行干扰比较微弱，通常可以忽略。

（5）小蜂窝用户对邻近小蜂窝的上行干扰。虽然小蜂窝覆盖范围较小，但由于低功率基站的相对密集部署，小蜂窝干扰问题同样突出。当用户靠近邻区小蜂窝时，用户对邻区基站将产生较强的上行干扰。在部署于室内的小蜂窝场景下，由于用户发送功率较弱，而且小蜂窝之间存在穿墙损耗，因此小蜂窝之间的上行干扰相对较弱。

（6）小蜂窝对邻区用户的下行干扰。当邻区小蜂窝距离较近时，邻近蜂窝之间对边缘用户产生较为明显的下行干扰。尤其是由用户部署的家庭基站，基站位置具有无规划性，基站之间的距离具有较强的随机性，因此干扰信号较强。

（7）宏蜂窝对邻近宏用户的下行干扰。宏蜂窝之间的下行链路干扰相当于传统同构网络蜂窝间干扰。当用户位于两个蜂窝边缘区域时，干扰相对明显。

（8）宏用户对邻近宏基站的上行干扰。类似于传统的宏蜂窝网络，当宏用户位于宏蜂窝边缘时，对邻近宏蜂窝上行链路将产生干扰。

由表 1.1 可知，同信道部署的异构蜂窝网络蜂窝间干扰严重。(1)~(4)属于跨层干扰，(5)~(8)属于同层干扰。由于不同层基站的发射功率、部署密度及路径损耗各不相同，导致下行链路的跨层干扰问题异常突出，须采取有效的干扰管理技术排除覆盖空洞并提升蜂窝边缘区域用户的服务质量。

2. 负载不均衡

低功率基站的引入减轻了拥堵的宏蜂窝层负担，但由于小蜂窝基站和宏基站发射功率存在较大差异，基于传统的最大接收功率强度的用户连接策略，导致低功率基站的卸载能力非常有限。基于最大接收功率连接的两层和三层异构网络覆盖范围如图 1.6 所示(其中方形、菱形及黑色原点分别代表 Macro、Pico 和 Femto 基站)。从图中可看出，基于传统的用户连接策略[52]，小蜂窝的覆盖范围较小，大部分用户依然连接到宏蜂窝层。这种严重的负载不平衡导致轻负载小蜂窝资源没有得到充分利用[53,54]，而宏蜂窝用户数量过大也无法保障用户的最低服务质量。

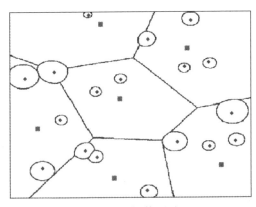

（a）两层异构网络

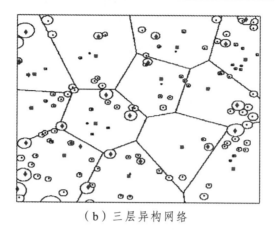

(b) 三层异构网络

图 1.6 异构网络蜂窝覆盖范围

在典型功率配置下，基于传统用户连接策略的异构网络负载分布情况如图 1.7 所示。圆点代表服务基站。Tier1、Tier2 和 Tier3 分别对应宏基站、微微基站和毫微微基站层。在每层中的基站可能连接着多条线段，每条线段的终端表示连接一个用户。由图可知，基于最大接收信号强度的连接策略，小蜂窝未能有效解决宏蜂窝用户堵塞局面。

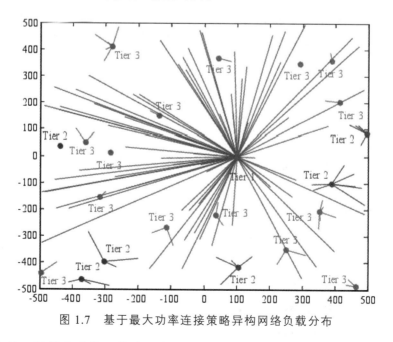

图 1.7 基于最大功率连接策略异构网络负载分布

此外，随着空中接口技术不断改善、可用频谱资源的拓展和用户传输需求的增加，回程容量（Backhaul Capacity，BC）是阻碍异构网络性能提升的潜在瓶颈[55]。因此，用户连接不仅要考虑蜂窝中可获得的空口频谱资源，还需考虑基站回程链路条件。总之，为了促进负载平衡，有效提升网络性能，适用于异构网络的用户连接策略有待于进一步探索。

3. 巨大能耗

据调查，全球基站数量在 2012 年已超过 4 百万，相对于 2007 年，基站数量已增加一倍[56, 57]。无线通信系统是信息与通信技术（Information and Communication Techniques，ICT）能量消耗的主要构成部分。目前，ICT 系统的碳排放占全球碳排放 5%[56]，至 2020 年，该比例已提高到 10%，其中 75%的 ICT 碳排放源自无线网络[57-59]。此外，随着无线网络的快速演进，相应的能量消耗正以惊人的速度上涨[60, 61]。据调查，在蜂窝网络中高达 80%的能量消耗产生于无线网络接入端[62]。统计数据显示，至 2012 年末，仅源自基站的碳排放数量已达到 7 千 8 百万吨。该排放量相当于 1 500 万辆汽车或往返于纽约和巴黎的 15 万次飞行排放量[63]。此外，当前网络运营商的电费支出是网络运营成本的重要组成部分，在成熟的欧洲市场，电费支出占总运营支出的 18%，而处于发展中国家的印度占 32%[64]。因此，从运营商的角度考虑，降低网络能量消耗不仅有益于生态环境的保护，还可节省网络运营成本[60]。近年来，随着人们对碳排放问题的逐渐关注，监管机构、非营利组织和环保倡导者共同发起绿色通信技术项目，旨在降低蜂窝网络巨大能量消耗或减缓能耗增加的速度。这些项目主要包括：3GPP[65]，EARTH[66]，OPERA-Net[67]，C2POWER[68]，eWin[69]及 TREND[70]等。这些绿色通信技术主要包括频谱的有效利用，创新的组件化设计，节能的网络架构、路由协议、节点选择协议及群簇技术等。研究报告指出，与现在的网络相比，未来的蜂窝网络可预期 50%的能量缩减。

1.2 国内外最新研究进展

1.2.1 异构网络分析模型研究

建立精确的网络评估模型是研究异构网络资源管理技术及性能的基础。传统宏蜂窝网络性能评估普遍采用 Wyner 模型[71]。Wyner 模型仅考虑了相邻基站干扰，并将每个相邻基站的干扰强度建模为一个固定的常数，忽略了用户和基站之间距离差异带来的路径损耗变化，因此无法精确评估实际网络性能。基于正六边形的系统级仿真[72],通过统计的方法对网络性能进行评估。因为宏基站的布设经过精心规划,基站部署相对比较均匀,所以正六边形网络模型可适用于宏蜂窝网络。虽然系统仿真计算复杂度高,但可以获得比较可靠的网络总体性能。由于人口和地理环境因素影响,宏基站实际位置部署并不完全规则,正六边形网格模型过于理想化,而且由于统计的基站数量有限,忽略了远距离基站产生的干扰,这种性能评估方法一定程度上高估了实际的网络性能。不同于传统宏蜂窝网络,异构网络低功率基站可由用户无规划部署,基站位置呈现较强的随机特性。理想的正六边形模型显然已不适用于低功率基站的部署。此外,由于系统级仿真计算复杂度高,随着低功率基站部署密度的增加,复杂度呈现指数式增长。异构网络各类基站的传送功率、部署密度以及路径损耗均有明显差异,基于理想网格模型的系统级仿真和简易的 Wyner 模型,已不再适用于异构网络场景。由于干扰是阻碍网络性能提升的重要因素,合理捕捉网络干扰来建立异构网络分析模型是研究资源管理技术及其性能的前提。

近年来,利用随机几何理论[73]建立异构网络模型已有大量的研究工作。在这些研究工作中,为了捕捉网络属性,异构网络被抽象成一个实用的点过程。当前随机几何理论应用于异构网络最为流行的点过程包括泊松点过程(Poisson Point Process,PPP)[74,75]、泊松簇过程(Poisson Cluster Process,PCP)[76,77]和硬核点过程(Hard Core Point Process,HCPP)[78]。这些随机几何模型相比于传统的网格模型,能更好地捕捉真实异构网络部署的空间特性。PPP 将网络中每层基站的部署位置视为独立随机分布。虽然 PPP 模型没有限制基站间的最小距离,但由于其可获得易处理的性能解析表达式,而且基于 PPP 模型评估的网络性能准确可靠,因此,PPP 模型在异构网络性能分析中应用最为普遍。PCP 将基站分布抽象成母节点和子节点两级过程。母节点服从 PPP 分布,而在母节点周围的子节点独立同分布(Independent Identically Distributed,i.i.d.)。PCP 模型适用于群簇的基站部署场景,但相比于 PPP 分布,不具有易处理特性。HCPP 在 PPP 基础上限制了基站之间的最小距离,从基站分布的角度出发,其更适用于异构网络建模,但由于其失去了易处理的优点,因此在异构网络性能研究中未能得到广泛应用。

PPP 模型能有效捕捉基站部署的空间特性,并可获得易处理的解析结果,在异构网络性能评估中得到普遍应用。虽然随机几何在无线网络中的应用早在 20 世纪 90 年代已有研究,但直到 2011 年 Andrews 在文献[79]中,针对单层蜂窝网络基于 PPP 模型提出的网络覆盖解析结果,才在学术界获得普遍认可。2012 年 Jo 和 Dhillon 分别在文献[80]和[81]中,将 PPP 模型延伸到了多层异构网络,并分别推导了网络 SINR 覆盖和遍历速率性能解析式。为了促进负载平衡,文献[80]吸收了 CRE 技术并验证了基于功率偏置的用户连接策略有利于改善异构网络性能。同时验证了基于 PPP 模型的解析结果位于实际网络性能的下边界,而基于理想网格模型的仿真结果位于实际网络性能的上边界,两者具有相同的精度。

获取蜂窝负载分布是精确分析网络性能的基础,而基于 PPP 的随机几何模型很难通过解析的方式获得基站的负载分布情况。为此,文献[82]给出了蜂窝负载分布的解析式。Singh 在文献[83]中考虑了蜂窝负载分布的基础上,针对包含 Wi-Fi 在内的多种无线接入技术共存的异构环境,提出了理论分析模型,并推导了多层网络 SINR 覆盖和速率覆盖性解析式,为异构网络资源管理技术及性能研究提供了理论基础。

1.2.2 资源管理技术研究

1. 联合小区范围扩张和资源分配方案

在传统宏蜂窝网络基础上部署低功率基站构成 HetNets 被视为未来 5G 无线网络适应爆炸式数据增长需求的关键技术[26]。在异构网络中,不同层基站传送功率具有明显的差异,基于传统最大接收功率的连接策略,大部分用户仍然连接在宏蜂窝层,导致小蜂窝卸载增益有限。为进一步减轻宏蜂窝负担并充分利用小蜂窝无线资源,小区范围扩张技术[34, 84-87]已被广泛应用于异构网络场景。然而,范围扩张用户承受严重的宏蜂窝下行链路干扰,将导致其覆盖性能恶化,甚至造成服务中断,因此需采取有效的干扰协调技术来提升扩张区域覆盖性能。

这种严重同信道跨层干扰问题可通过有效的资源分配策略解决[35, 88]。文献[87, 89, 90]采用正交的频谱资源分配方式,以最大化网络吞吐量为目标优化用户连接和两层网络的频谱资源分配比例。这种正交的频谱分配方式完全避免了异构网络跨层干扰,能显著改善网络 SINR 覆盖性能。由于正交资源分配方式未能充分利用无线资源,导致较低的频谱效率。为了更好地协调异构网络跨层干扰,3GPP 在 LTE Release 10 中针对 HetNets 下行链路干扰场景规范了 eICIC 方案,即分配专用的无线资源给扩张区域用户,宏蜂窝在这些资源上静默从而消除干扰。由于用户连接偏置和资源分配系数耦合密切且直接影响网络整体性能,文献[91]针对网络容量性能指标,利用半解析的方法在给定资源分配的基础上研究了最优的用户连接偏置。文献[92]联合时域 eICIC 和 CRE 技术建立易处理分析模型,研究了两层异构网络的吞吐量性能。

在适当配置功率偏置和空白子帧占空比条件下，作者证明了网络性能将显著提升。文献[85]和[93]通过解析的方法分别针对网络频谱效率和速率覆盖研究了最优的用户连接偏置和资源分配系数。然而，这些工作均假定了满负载网络。事实上这种满负载的假设不适用于小蜂窝网络，因为较小的覆盖面积自然连接较少用户。其次，CRE用于减轻阻塞的宏蜂窝负担，从而更充分利用小蜂窝资源，如果小蜂窝假定为满负载，则小蜂窝范围扩张将失去意义，因而不能捕捉卸载增益。另外，基站产生干扰和传输负载直接相关。在OFDMA蜂窝系统中，一个基站服务越多用户则占用某个特定资源块的概率越高，从而对网络产生干扰越多。因此，基站产生的干扰与小蜂窝连接偏置及资源分配系数直接相关。满负载网络模型无法捕捉这种影响。为此，文献[94]考虑了两层异构网络轻负载场景，在理想Backhaul链路容量基础上，研究了最优的用户连接偏置和资源分配系数。

2. 基于FeICIC异构网络资源管理

在CRE和eICIC联合方案中，为了提升小蜂窝扩张区域用户性能，宏蜂窝基站静默了部分时频资源，因此宏蜂窝具有较低的频谱利用率，导致宏用户性能恶化。为进一步提升宏蜂窝频谱资源的利用率，3GPP提出了FeICIC方案，即宏蜂窝以缩减功率为中心用户提供服务的同时，小蜂窝调度扩张区域用户；反之，当宏蜂窝以最大功率为边缘区域用户提供服务时，小蜂窝调度内部区域用户。这种内外交替的工作方式既抑制了蜂窝边缘区域的干扰，又提升了频谱资源的利用率，从而改善了网络频谱效率。因为用户连接、功率控制及资源分配系数紧密耦合而且直接影响网络性能，为了研究FeICIC相关联参数之间的互相影响关系以及对网络性能的影响，文献[95]针对两层异构网络建立了易处理的FeICIC理论分析模型，并推导了频谱效率解析式。基于解析结果，作者调查了最优的用户连接、功率缩减因子和资源分配系数。由于该模型中没有考虑FeICIC帧同步，而且没有考虑网络负载分布，因此无法准确评估FeICIC异构网络性能。文献[96]修正了[95]中的理论模型，在考虑网络平均负载分布和FeICIC方案的帧同步的基础上，利用随机几何理论推导了满负载网络总体SINR覆盖和速率覆盖解析表达式。基于易处理的解析结果，作者进一步调查了用户连接、功率控制及资源分配系数对网络速率的影响。

3. 跨层基站协作传输

基站协作方案作为干扰消除关键技术，其概念于2009年在文献[97, 98]

中已被提出。被称为网络 MIMO（Multiple-Input-Multiple-Output）[99]协作多点技术[100]（Coordinated Multi-Point，CoMP）是基站协作的一种重要方案，其利用回程网络进行多基站间的互相通信消除干扰，并联合传输用户数据，从而提升网络整体性能。2011 年 3GPP 在 LTE R11 中将 CoMP 技术视为消除干扰并提升网络性能的关键技术。关于多层网络和多蜂窝协作研究大体分为两种类型。第一类为使用网络瞬时信息基于目标函数获得瞬时最优参数配置[101, 102]；第二类为统计建模技术，运用随机几何理论分析网络性能并获得网络最优参数配置[80, 81, 103-105]。统计方式获取最优网络配置在较短时间尺度内网络性能可能不是最优，而瞬时最优参数需消耗更多的信令和计算成本。由于第一类研究仅针对单个或数量有限的宏蜂窝蜂窝场景，忽略其他邻区宏蜂窝的干扰，高估了网络性能。此外，第一类方法通过仿真方式获得网络性能，其计算复杂度高。本书从第二类方案出发，调研跨层协作研究进展。

2014 年 Tanbourgi 等人在文献[106]中基于传统宏蜂窝网络，首次将随机几何理论引入到多点协作传输方案中。文献[107]将协作多点解析模型延伸到异构网络。在该模型中，作者提出以用户为中心的一定半径范围内的基站参与到协作传输簇中。同年，Nigam 等人在文献[103]中建立了协作传输簇易处理模型。每个群簇中参与协作传输的基站数量为一个固定常数。实际上位于蜂窝中心用户可获得较好的服务质量，同时考虑到协作传输将产生大量的信令开销，从而加重回程链路负担[105]，文献[104]简化了协作方案并建立易处理的两基站协作传输解析模型。作者针对单层蜂窝网络，通过最接近的两个基站协作的方式提升边缘区域用户的性能。在该方案中，是否运行协作传输模式取决于用户所在位置获得网络服务质量（SINR）的好坏。Sakr 等人在文献[108]中，针对异构网络场景提出了基于用户位置感知的跨层协作传输方案，并建立了易处理的协作传输模型。在该模型中，作者引入了一个用来衡量用户接收有用信号强弱的协作因子（相当于小蜂窝范围扩张的功率偏置因子），通过调节协作因子的大小来控制宏蜂窝边缘区域的协作传输范围。作者在该文献中推导了网络总体 SINR 覆盖及遍历速率解析表达式。

为适应数据传输需求的快速增长，未来蜂窝网络将继续致密化部署低功率节点（Low Power Nodes，LPNs），形成超密集异构网络（Ultra-Dense HetNets，UDHs）。在这种 UDHs 场景中，除了同信道跨层干扰外，密集小蜂窝间的干扰问题突出，因此联合宏蜂窝和多个小蜂窝协作的方案具有重要意义。然而，在实际的蜂窝网络场景中，协作多点传输（CoMP）带来的增益很大程度上依赖于回程容量。随着 LPNs 密度的不断增加，网络投资成本和运营支出将显著提高[109]。为了更加有效管理网络干扰和高效分配无线资源，不同层基站通过有线或无线回程链路连接到计算中心（即集成基带处理池 BBU 的云），形成异构云无线访问网络（Heterogeneous Cloud Radio Access Network，H-CRAN）[110-113]。H-CRAN 结构是 CoMP 传输的实际实现，为网络资源管理提供了开放、简单、灵活可控的范式，本质上继承了 CoMP 传输的优点[114,115]。在 LPNs 超密集部署的异构网络中，网络基站和用户数量几乎在相同的数量级[116,117]。低功率基站之间的同层干扰问题突出，因此联合单个宏基站和一组 LPNs 群簇的协作传输是密集异构网络场景所需。文献[118]针对 H-CRAN 场景，基于软频率复用技术，假定宏基站负责网络全面覆盖和低速率传输，而低功率节点负责高速率传输情况下，研究了能量效率最优的频谱资源和功率分配方案。文献[119]验证了 H-CRAN 结构有利于网络吞吐量的提升。文献[120]基于同构云网络（Cloud-Radio Access Network，C-RAN）上行链路，研究了用户连接 N 个最近的 RRHs 的网络性能，推导了上行链路中断概率和遍历容量解析表达式，进一步调查了 LPNs 协作数量对网络容量的影响，并研究了同构云无线访问网络用户连接策略。

4. 节能技术研究

为了充分利用频谱，提供数据传输速率，未来 5G 无线网络将致密化部署低功率基站，而密集异构网络能量消耗巨大。近年来，绿色通信技术研究引起了学术界和工业界广泛关注[121]。当前节能策略的研究工作主要集中在以能量效率为性能指标，基于网络无线资源分配策略展开。诺基亚网络统计数据[122]显示，基站功率消耗占蜂窝网络总能耗 80%，因此引入基站休眠技术，从而降低网络功率消耗，是实现蜂窝绿色通信的重要方案[57]。

实测数据显示蜂窝网络传输需求在时间和空间上呈现高度波动特性[123]，因此在非峰值传输时间，网络大部分基站处于非充分利用状态。近来的调查显示蜂窝网络近 80%的功率消耗产生于基站[123,124]。因此，引入基站休眠模式是节省网络功率消耗的重要途径。

传统的休眠方法（Conventional Sleep Method，CSM）是关闭空负载基站[57]，忽略了轻负载蜂窝的低能量效率运行。文献[125]提出通过调整传送功率的方式实现蜂窝范围的扩张和缩小，即当蜂窝用户过于拥堵则通过缩减传送功率的方式缩小覆盖范围，而轻负载蜂窝则扩大覆盖面积吸收更多的用户。这种蜂窝呼吸技术在有效促进负载平衡的同时,亦提升了轻负载蜂窝的能量效率。其弊端是导致蜂窝边缘用户的性能恶化，甚至造成服务中断。文献[126]和文献[127]针对异构网络非峰值传输研究了提升网络能量效率的随机及策略休眠方案。随机休眠方案可降低网络功率消耗，却无法保证用户 QoS，而策略休眠方案虽然可保障用户最低 QoS，但这种"开/关"两状态决策方式不是理想的方案。当前大量的基站休眠技术研究工作均以基站的"开/关"两个状态变量展开，即使用代表开和关的两个整数变量{1, 0}进行网络基站休眠策略研究。为此，文献[128]和[129]提出了部分频谱复用方案，并研究最优的能量效率频率复用因子。但这种资源分配方案是不合理的，因为每个基站分配相同比例的系统频谱资源，并没有考虑负载分布。文献[125]提出了蜂窝缩放技术，当基站处于轻负载状态，则缩小传输功率，当负载量低于设定门限值，则进入休眠状态。考虑到实际网络传输需求的变化，文献[130]和[131]针对非峰值传输时期，则相应基站进入休眠状态。针对非峰值传输场景，文献[132]提出利用基站和用户的 DRX（Discontinuous Reception）和 DTX（Discontinuous Transmission）方案，通过静默部分传输时间间隙从而节省能耗。文献[133]基于 LTE 蜂窝网络验证了 DTX 节省能量的有效性，实验证明了 DTX 方案的实施可达到 61%以上的能量节省。

1.3 当前研究存在的问题

尽管针对异构网络资源管理技术及性能已进行了大量研究，但仍有诸多需完善的地方，有待于进一步研究的工作简要总结如下：

（1）系统模型简单，忽略回程容量对网络性能的影响。

为了弥补移动终端较弱的信号处理能力，异构网络下行链路需采取有效干扰抑制资源管理技术。建立完善的异构网络理论模型，是准确评估异构网络性能，进而研究最优资源分配方案的前提。然而，现有基于干扰协调异构网络资源管理系统模型过于简单化，忽略了阴影衰落对系统性能的影响。事实上，阴影衰落直接影响用户连接策略，进而影响资源分配联合最优方案。为了合理评估异构网络性能并获得可靠的资源分配联合最优方案，系统信道模型需考虑阴影衰落。其次，突出的同信道跨层干扰是异构网络急需解决的重要问题，建模异构网络干扰是准确分析网络性能和研究最优资源分配策略的基础。现有异构网络资源管理理论模型均假定了网络处于满负载状态。这种满负载假设不适用于异构网络，因为小蜂窝较小的覆盖面积自然连接较少的用户。而且网络传输需求高度波动，在小蜂窝相对密集部署的异构网络中，部分基站自然处于轻负载状态。此外，在实际的基于 OFDMA 网络环境中，基站产生的干扰和蜂窝负载密切相关，即蜂窝负载越重则分配越多的频谱资源，从而产生越多的网络干扰。满负载网络的假设无法捕捉这种影响，并高估了实际网络干扰。此外，为了充分利用小蜂窝频谱资源，基于功率偏置的用户连接策略已被学术界视为促进异构网络负载均衡的有效方案。在现有的异构网络理论分析模型中，假定了理想的回程链路容量，用户连接偏置仅考虑空口无线资源的限制。基于成本考虑，实际网络低功率基站回程容量有限[55]。基于理想回程链路的用户连接策略，将过度卸载宏蜂窝用户导致小蜂窝通信阻塞。理想回程链路假设获得的最优资源分配方案不能使得实际网络达到最优性能，因此，异构网络资源管理及性能研究应该考虑有限回程容量的影响。

（2）能效最优的资源分配方案不明确。

异构网络能量效率是网络运营商关心的重要性能指标，改善网络能量效率可直接降低运营成本支出。然而，现有异构网络资源管理技术及性能研究主要以提升网络覆盖及频谱效率性能为目标，而能量有效资源分配方案研究工作较少。当前针对基站休眠节能技术的研究工作，主要利用基站的开启和关闭两个状态进行展开。事实上，基站在较短的时间内完成开启和关闭并不实际。基于 DTX 方案的节能策略，虽然可提升网络能量效率，但是基于 DTX 传输策略，用户接入网络需要不断查询基站同步时序，引起大量时间资源的开销，导致数据传输效率大幅降低。蜂窝缩放技术虽然可降低轻负载网络能量消耗，但容易造成覆盖空洞。

现实蜂窝网络根据峰值传输需求进行规划部署，由于用户行为和移动性，实际无线传输需求随空间和时间产生较大波动[121, 134, 135]。阿尔卡-特朗讯公司曾对网络传输进行为期一周的流量监测，实测数据显示蜂窝网络数据流量大幅波动[134]。因此，在低传输时期，网络满负荷运行处于冗余状态，造成了大量能量浪费。文献[136]和[137]提出了基站硬件组件化设计思想，基于传输需求基站自适应进入部分休眠状态。文献[138]进一步论述了网络硬件组件化设计现实可行，并指出基于实际传输需求，通过灵活配置网络硬件组件可大幅降低能量消耗。针对组件化硬件设计异构网络场景，基于网络传输需求，联合基站休眠技术，研究资源分配联合最优方案亟待解决。针对异构网络内下行链路干扰协调方案中，既能抑制干扰又能有效提升网络频谱效率的 FeICIC 方案，是异构网络资源管理重要方案之一。虽然现有工作已经基于 FeICIC 异构网络展开性能研究，但基于网络传输需求的能量效率资源分配联合最优方案仍不明确，有待于进一步深入研究。

（3）跨层协作异构网络性能不明确，亟待研究用户最优连接策略。

在同信道部署的异构蜂窝网络中，位于蜂窝边缘区域的用户承受较严重的下行链路跨层干扰，用户 QoS 无法得到保障。联合跨层基站协作传输抑制蜂窝边缘区域同信道干扰是提升网络整体性能的重要方案。然而在现有研究工作中,研究跨层协作方案,但未区分蜂窝中心和边缘用户的覆盖性能差异。现有的协作传输方案不完善,不具备通用性。针对稀疏异构网络场景,基于位置感知的蜂窝边缘区域跨层协作,并建立通用跨层协作理论模型,来研究网络各参数对网络性能的影响并决策相关参数有待进一步研究。

此外,在低功率基站超密集部署的异构网络场景中,小蜂窝之间干扰问题突出,联合宏基站和邻近小蜂窝基站的协作传输形成有利于网络整体性能的提升。然而当前的工作主要解决基于同构云网络的用户接入策略问题,而对于异构网络场景,联合宏基站和低功率节点的群簇协作性能有待研究。为了增强基站间协调及协作能力,并提高异构网络资源管理效率,未来异构网络将吸收云结构,形成异构云无线网络。对于低功率基站超密集部署场景,吸收分布式云结构的异构网络是管理超密集网络的成本有效方案[42,112]。因此,联合单个高功率宏基站和多个低功率访问节点的协作模式是未来异构网络跨层协作关键方案。因此建立多基站群簇协作通用模型,研究超密集部署异构网络用户连接策略具有重要意义。然而针对吸收云结构的超密集异构网络的最优用户连接策略仍不明确,亟待研究。

1.4 本书主要研究内容

本文针对 OFDMA 异构网络场景,以网络 SINR 覆盖、速率覆盖、能量效率以及遍历容量等性能为指标,基于典型资源分配方案,分别建立理论分析模型,利用随机几何理论推导网络性能解析表达式,并通过蒙特卡洛仿真验证解析结果的准确性,基于解析结果,进一步研究最优资源分配方案,实现网络性能的提升。本书具体创新点和研究内容包括如下几个方面:

(1)回程受限异构网络中小区范围扩张与子信道分配性能分析。

基于同信道部署异构网络场景,采用功率偏置连接策略促进负载平衡,通过分配宏蜂窝与小蜂窝扩张区域以交子信道的方式,消除小蜂窝扩张区域用户承受的跨层干扰。为了获得最优的用户连接偏置和资源分配方案,在考虑蜂窝负载分布以及通用信道模型的基础上,合理建立 OFDMA 异构网络干扰模型。利用随机几何理论推导回程受限异构网络 SINR 覆盖、速率覆盖及能量效率性能解析表达式,并通过蒙特卡洛仿真验证解析结果的正确性。基于解析结果,分析用户连接偏置及资源分配系数对网络速率覆盖性能的影响,研究速率覆盖性能最优的用户连接偏置与资源分配系数。进一步分析基站部署密度对网络能量效率的影响,并获得低功率基站最优部署密度。

(2) FeICIC 异构网络资源分配联合优化。

针对两层异构网络场景，基于 FeICIC 和 CRE 联合方案，考虑 OFDMA 异构网络下行链路，在吸收蜂窝负载分布和通用信道模型基础之上，合理建立 OFDMA 网络干扰模型。首先，利用随机几何理论推导回程受限异构网络 SINR 覆盖及速率覆盖性能解析式。通过蒙特卡洛仿真验证解析结果的准确性。基于解析结果，进一步验证 FeICIC 方案的有效性，并分析网络各参数对网络速率覆盖性能的影响，研究 FeICIC 异构网络速率覆盖性能最优的参数配置。其次，考虑到网络传输需求随空间不同而变化的事实，引入负载感知子信道分配及基站自适应休眠策略，基于网络传输需求，推导频谱效率和能量效率解析式。为了提升异构网络频谱和能量效率性能，针对频谱和能量效率多目标联合优化问题，提出 Dinkelbach 迭代和梯度下降联合优化算法，获得频谱和能量效率折中的资源分配联合最优方案。

(3) 位置感知跨层协作异构网络性能研究。

基于低功率基站同信道部署异构网络场景，针对蜂窝边缘区域严重跨层干扰问题，同时考虑到基站回程容量有限的事实，提出位置感知的跨层协作传输方案。引入协作因子灵活调节网络协作传输范围，建立位置感知跨层协作通用理论模型，利用随机几何理论推导网络 SINR 覆盖及遍历容量性能的解析表达式，并通过蒙特卡洛仿真验证解析结果的准确性。基于解析结果，验证位置感知跨层协作方案的有效性，同时研究协作因子对异构网络性能的影响，并研究协作因子选择策略，为协作传输系统设计提供理论参考。

(4) 跨层群簇协作异构网络性能分析及用户连接策略研究。

基于低功率基站超密集部署异构网络场景，针对超密集异构网络跨层及同层严重干扰问题，提出以用户为中心，联合单个宏基站和多个低功率基站的群簇协作方案。建立跨层群簇协作传输理论模型，并利用随机几何理论推导超密集群簇协作异构网络 SINR 覆盖和遍历容量解析表达式，并量化基站回程容量需求。针对低功率基站回程容量受限场景，进一步推导跨层群簇协作异构网络成功服务概率及有效遍历容量解析式。基于解析结果，分析基站部署密度、回程容量及协作群簇大小对成功服务概率及有效遍历容量性能的影响，并研究群簇协作网络最优用户连接策略，为跨层群簇协作网络设计提供理论依据。

1.5 本书组织结构

本书各章结构及相应研究内容如图 1.8 所示。

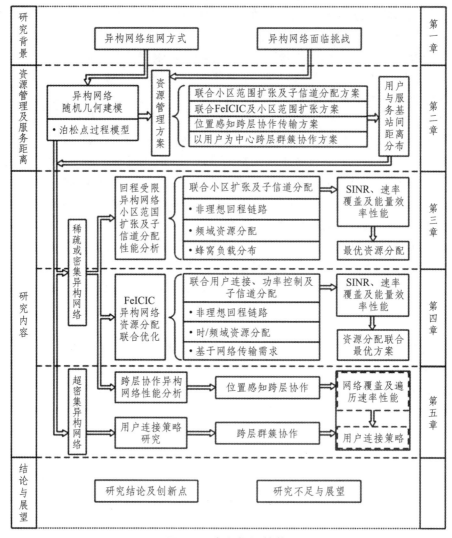

图1.8 本书组织结构

第1章阐述了课题背景、研究目的和意义，全面综述了异构网络资源管理技术的国内外最新研究进展，并针对当前研究存在的问题，提出本书的主要研究内容。

第2章首先介绍基于OFDMA蜂窝系统无线资源管理方式，并简要说明了本书研究的几种典型的异构网络资源管理方案，其中包括用户连接与子信道分配联合方案、FeICIC与CRE联合方案以及跨层协作传输方案。其次，介绍了泊松点过程、硬核点过程及泊松簇过程的基本概念及基本特性。基于泊松点过程网络模型，利用随机几何理论推导用户与服务基站之间的距离分布，并验证了距离分布解析结果的准确性，为后续章节资源管理及性能研究提供理论基础。

第 3 章研究回程受限异构网络中小区范围扩张与子信道分配性能。针对 OFDMA 两层异构网络场景，基于小区范围扩张技术与频域子信道分配联合方案，在考虑网络负载分布以及通用的网络信道模型的基础上，合理建模 OFDMA 异构网络干扰。利用随机几何理论，推导两层回程受限异构网络下行链路 SINR 覆盖、速率覆盖及能量效率性能的解析表达式，并通过蒙特卡洛仿真验证解析结果的紧致性。基于解析结果，分析用户连接偏置及资源分配系数对网络速率覆盖性能的影响，研究速率覆盖性能最优的用户连接偏置和资源分配系数。基于解析结果，进一步分析基站部署密度对网络能量效率性能的影响，并研究低功率基站最优部署密度。

第 4 章研究 FeICIC 异构网络资源分配联合最优方案。针对两层异构网络，基于 FeICIC 和 CRE 联合资源管理方案，建立异构网络下行链路分析框架。同时合理建立蜂窝负载分布和基站干扰模型。利用随机几何理论推导回程受限异构网络 SINR 覆盖及速率覆盖性能解析表达式。通过蒙特卡洛仿真验证数值结果的准确性。基于解析结果，进一步分析网络各参数对网络速率覆盖性能的影响，并验证 FeICIC 方案的有效性，同时调查速率性能最优的资源分配联合方案。其次，基于网络传输需求，进一步推导两层异构网络频谱效率和能量效率解析表达式，并验证解析结果的准确性。为了创建频谱和能量有效运行的异构网络，针对频谱和能量效率多目标联合优化问题，提出 Dinkelbach 迭代和梯度下降联合算法，获得频谱和能量效率折中的资源分配联合优化方案。

第 5 章研究跨层协作异构网络性能及用户连接策略。首先基于同信道部署异构网络场景，针对蜂窝边缘区域较差的覆盖性能问题，提出位置感知的跨层协作传输方案。引入协作因子灵活调节网络协作传输范围，建立位置感知跨层协作通用理论模型，并利用随机几何理论推导网络 SINR 覆盖及遍历容量性能解析表达式。研究各参数对网络性能的影响，并说明协作因子选择策略，为协作传输系统设计提供理论参考。其次，针对超密集低功率基站同信道部署异构场景，提出以用户为中心，联合单个宏基站和多个低功率基站形成群簇协作传输方案。利用随机几何理论推导网络 SINR 覆盖和遍历容量解析表达式，同时推导基站回程容量需求、成功服务概率及有效遍历容量解析式，分析基站部署密度、回程容量及协作群簇大小对网络性能的影响，并针对有限回程容量场景，研究最优跨层协作群簇大小，为跨层协作传输异构网络系统设计提供理论依据。

最后，总结并展望未来可开展的研究工作。

第 2 章　异构网络资源管理及服务基站距离分布

2.1 引　言

异构网络低功率基站无规划部署使得基站位置分布呈现较强的随机特性，传统的理想网格模型已不再适用于异构网络。由于基站密集部署，蒙特卡洛仿真方法需消耗大量系统计算资源，难以捕捉系统参数之间的耦合关系及参数对网络性能的影响，需建立精确且易处理的异构网络模型并进一步研究有效的资源分配方案。本章首先简要介绍了 OFDMA 异构网络典型资源管理方案，并利用随机几何理论分别推导用户与服务基站间距离分布解析式，通过蒙特卡洛仿真验证解析结果的准确性，为后续章节异构网络资源管理及性能研究提供理论基础。

2.2 OFDMA 异构网络资源管理方案

2.2.1 联合小区范围扩张和子信道分配方案

为促进负载平衡从而充分利用小蜂窝资源，网络用户采用基于功率偏置的连接策略。两层异构网络小区范围扩张及用户连接如图 2.1 所示。为了解决位于小蜂窝扩张区域（C_δ）用户承受严重宏蜂窝下行链路干扰问题，在功率偏置连接策略基础上，通过频域子信道正交分配消除扩张区域跨层干扰。OFDMA 系统信道带宽被划分成若干个小的正交物理资源块（Physical Resource Blocks, PRBs）[139]，具备带宽资源动态分配的特点，能实现系统无线资源灵活利用[140]。OFDMA 技术在每个子信道上呈现扁平衰落，可有效抑制频率选择性衰落的影响，并具有结构简单、频谱利用率高和抗干扰能力强的特点。在抑制蜂窝内部干扰方面，OFDMA 技术表现出优越性能，适用于密集部署异构网络场景，被业界视为 5G 无线网络的关键候选技术，其帧结构和资源分配方式如图 2.2[50]所示。从图中可看出，通过物理资源块的正交化分配方式，消除了同蜂窝用户间干扰。

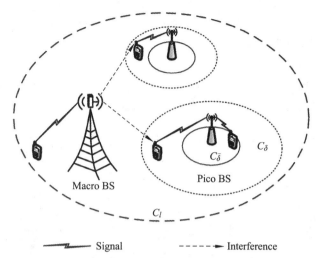

图 2.1 两层异构网络小区范围扩张及用户连接

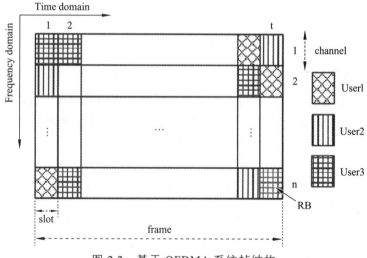

图 2.2 基于 OFDMA 系统帧结构

本方案针对 OFDMA 异构网络环境,位于宏蜂窝区域(C_l)和小蜂窝未偏置区域($C_{\bar{\delta}}$)用户共享系统部分频域资源,而小蜂窝扩张区域(C_{δ})用户通过分配专用子信道的方式能避免承受严重跨层干扰。

1. 小区范围扩张

蜂窝范围扩张方案[85,141]示意图如图 2.3 所示。相比于传统的基于最大接收信号强度(Maximum Received Signal Strength,Max-RSS)用户连接策略,功率偏置接收信号强度（Biased Received Signal Strength，Biased RSS）连接策略扩大了小蜂窝的覆盖范围。但由于原本提供信号强度较大的宏基站现转变为干扰源，导致扩张区域用户承受严重的宏蜂窝下行链路干扰。这种严重的跨层干扰将直接恶化覆盖性能，甚至导致覆盖空洞，需采取有效的资源管理技术，并适当配置系统参数从而提升网络性能。

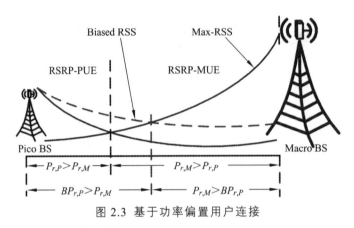

图 2.3 基于功率偏置用户连接

2. 时频资源分配

干扰消除资源管理方案包括频域和时域两种资源管理方式，分别从频域和时域角度上分配正交资源，从而避免跨层干扰。基于异构网络场景的时/频域资源分配方案介绍如下。

（1）频域资源分配。

通过频谱资源分配的方式抑制异构网络突出的跨层干扰是干扰消除的重要技术。专用频谱分配方式如图 2.4 所示。

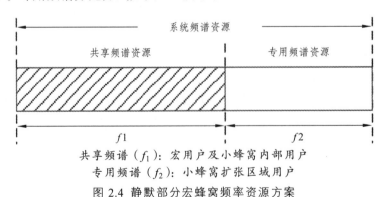

共享频谱（f_1）：宏用户及小蜂窝内部用户
专用频谱（f_2）：小蜂窝扩张区域用户

图 2.4 静默部分宏蜂窝频率资源方案

上图中频谱资源 f_1 分配给宏蜂窝区域 C_1 及小蜂窝未偏置区域 $C_{\bar{\delta}}$ 用户，而小蜂窝扩张区域 C_δ 用户分配专门频谱资源 f_2，因此小蜂窝扩张区域用户完全避免了跨层干扰。

（2）时域资源分配。

时域资源分配指通过分配正交时隙资源的方式避免跨层干扰。基于 LTE-A 系统的时域增强型干扰协调技术（eICIC）是典型时域资源分配方式。这种时域增强型干扰协调方案又称为几乎空白子帧（Almost Blank Subframes，ABSFs）[35]。时域干扰协调方案要求协作基站传送子帧严格同步，其协作信令可通过 X2 端口传输进行交互。基于 Macro 和 Pico 基站时域干扰协调方案如图 2.5 所示。宏基站在部分时隙空白数据信道，Pico 基站利用这些时隙资源对扩张区域性能较差用户进行调度，从而避免了较强的宏蜂窝干扰。

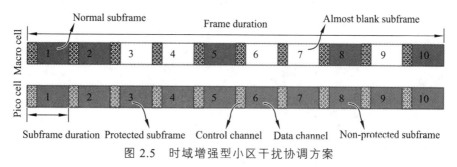

图 2.5 时域增强型小区干扰协调方案

当宏基站传送对宏区域 C_1 用户进行服务时，Pico 基站调度未偏置区域 $C_{\bar{\delta}}$ 用户。而当 Pico 基站调度扩张区域 C_δ 用户时，宏基站静默，即通过空白宏基站部分时隙的方式避免小蜂窝扩张区域用户承受的跨层干扰。本书从多信道频域资源管理角度，联合用户连接和资源分配方案展开异构网络性能研究，详细的资源管理方案在后续章节进行详细阐述。

2.2.2 联合 FeICIC 和 CRE 方案

联合用户连接、功率分配及资源分配策略亦称为 FeICIC 方案。基于 FeICIC 方案的两层异构网络用户连接如图 2.6 所示。FeICIC 属于 eICIC 方案的改进技术，即使用缩减功率子帧（Reduced Power Subframe）替代空白子帧。缩减功率传输既可降低宏基站对小蜂窝扩张区域的干扰，同时又提高了宏蜂窝频谱资源的利用率。在宏蜂窝已缩减功率为内部区域 C_i 用户提供服务时，小蜂窝为扩张区域 C_δ 用户服务，而宏蜂窝为边缘区域 C_e 用户服务时，小蜂窝为信号较好的未偏置区域 $C_{\bar{\delta}}$ 用户提供服务。通过联合分配用户连接偏置、功率控制因子及时间资源分配系数优化配置实现网络性能的提升。本书基于 FeICIC 方案，针对 OFDMA 异构网络，在时域干扰协调机制的基础上，吸收了负载感知的子信道分配策略，通过解析的方法研究 FeICIC 异构网络性能。

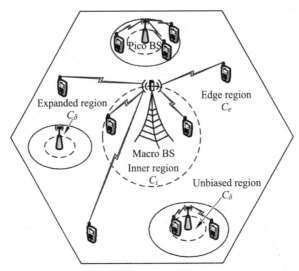

图 2.6　联合 FeICIC 和 CRE 异构网络用户连接

（1）FeICIC。

FeICIC 方案工作原理如图 2.7 所示。宏基站以缩减功率子帧传送为内部区域 C_i 用户服务的同时，Pico 基站调度扩张区域 C_δ 用户，从而改善小蜂窝扩张区域用户性能。当宏基站以正常功率为边缘区 C_e 用户服务时，Pico 基站为性能较好的中心区域 $C_{\bar{\delta}}$ 用户服务。

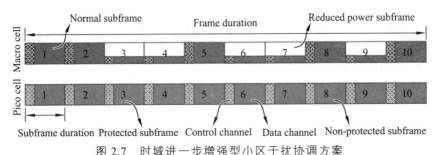

图 2.7　时域进一步增强型小区干扰协调方案

（2）软频谱复用。

宏基站在部分时隙上以缩减传送功率的方式为内部区域用户提供服务，而小蜂窝利用这些时隙调度扩张区域用户，从而有效抑制宏基站对小蜂窝扩张区域的干扰。这种缩减功率传送方式在降低跨层干扰的同时，增加了宏蜂窝无线资源利用率。在时域上内外区域交替的工作方案可以通过频域资源分配的方式实现。例如，宏基站边缘区域与小蜂窝未偏置区域用户共享系统部分频谱资源 f_1，而宏蜂窝内部区域与小蜂窝扩张区域用户共享系统剩余频谱资源 f_2。宏蜂窝在频谱资源 f_2 上缩减传送功率。这种联合功率控制和频域资源分配的工作方式又称为软频谱复用方案，如图 2.8 所示。

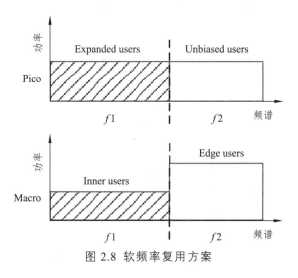

图 2.8 软频率复用方案

本书在 FeICIC 运行方案架构下，针对 OFDMA 环境，基于用户功率偏置连接策略，联合频域和时域的资源管理技术进行异构网络性能和资源分配联合优化研究，具体的无线资源管理将在第 4 章详细介绍。

2.2.3 跨层协作方案

（1）位置感知跨层协作方案。

基于异构网络同信道部署场景，可采用跨层基站协作传输方案提升网络性能。由于协作传输能明显增加回程开销，结合实际蜂窝网络 Backhaul 容量受限的事实，提出了位置感知跨层协作传输方案，即位于宏蜂窝及小蜂窝边缘区域 C_o 用户运行在跨层协作服务模式。考虑到低功率基站部署相对比较稀疏，基站之间的距离较远，从而用户承受低功率基站层干扰相对较弱，所以仅考虑跨层基站协作，即在提供信号最强的宏基站和 Pico 基站之间进行协作传输。而位于宏蜂窝区域 C_m 及小蜂窝区域 C_p 性能较好的用户分别由宏基站和 Pico 基站单独提供服务。用户连接及运行模式如图 2.9 所示。其中，δ_1 及

δ_2 为协作因子,分别用于控制宏蜂窝及小蜂窝协作区域边界。协作因子 δ_1 及 δ_2 值越大,则协作区域 C_o 越大,当 δ_1 及 δ_2 均趋向于无穷大时,所有网络用户均处于协作传输服务模式。

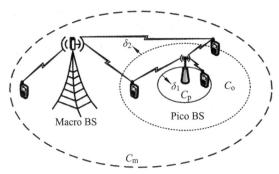

图 2.9 异构网络跨层协作传输

(2)以用户为中心的跨层群簇协作方案。

在低功率基站超密集部署异构网络场景中,网络中除了存在严重跨层干扰外,低功率基站间的干扰异常突出。因此,针对低功率节点超密集部署场景,提出以用户为中心的跨层群簇协作传输方案,即以用户为中心,联合距离最近的宏基站和最近的 N 个低功率基站形成群簇,群簇内基站通过联合传输方式对用户提供服务。每个群簇内包含三个低功率节点(LPNs),协作方案如图 2.10 所示。

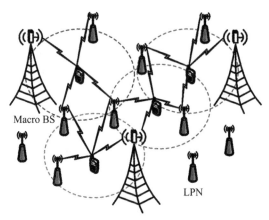

图 2.10 以用户为中心的跨层群簇协作

群簇协作传输方案适用于低功率节点超密集部署的异构云无线访问网络。未来 5G 无线异构网络针对用户密集分布区域将实行分布式云计算部署方式,以用户为中心,联合单个宏基站和多个低功率节点的跨层群簇协作工作模式是 5G 网络的重要群簇协作方案。

协作多点传输（CoMP）通过多个传输点之间协作的方式，消除蜂窝间干扰或将干扰信号变为有用信号，从而显著提升蜂窝边缘区域用户性能。下行链路协作传输技术包括联合传输（Joint Transmission，JT）、动态点选择（Dynamic Point Selection，DPS）及协作调度/波束赋形（Coordinated Scheduling/Beamforming，CS/CB）三种类型[38]。三种 CoMP 方案，如图 2.11 所示。

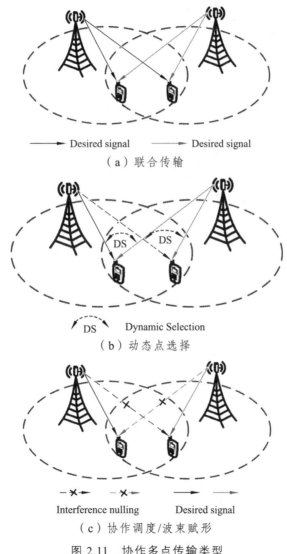

图 2.11　协作多点传输类型

JT 的信道状态信息/调度信息及用户数据在协作传输点之间共享。这种协作类型可提供较好的性能，但由于数据共享及信令开销明显增加，相比于其他两种方案，其消耗较大的回程容量，需要低延时高带宽 Backhaul 支持。联合传输包括相干传输和非相干传输两种方式。相干传输指的是联合预编码设计和同步传输达到相干合成，而非相干传输则不需要联合编码，用户接收各个传输点独立编码的数据。

DPS 是 JT 的一个特殊类型，用户数据可在多个传输点获取，但在每一个子帧中，根据信道条件，用户仅从单个传输点接收数据。由于在相同时刻用户仅从单个基站接收数据，因此基站 Backhaul 容量消耗较低。

CS/CB 方式的信道状态信息在各传输之间共享，但传输的数据不共享，用户仅从一个传输点获取数据，但调度和波束赋形设计需各传输点协作进行。干扰消除通过赋形向量置零的办法来实现。相比于 JT，CS/CB 不共享用户数据，具有较低的 Backhaul 要求，而相比于 DPS 方案，CS/CB 清零了干扰信号，从而具有较好的覆盖性能。

尽管联合传输模式对 Backhaul 容量有较高需求，但性能提升相对明显。本书在低功率基站密集部署和超密集部署异构网络场景中均采用了联合传输方案。

2.3 基于空间点过程基站位置分布

异构网络性能研究方法总体上划分为两种类型。第一种是统计建模方法，利用随机几何理论建立网络模型，并推导网络性能解析式，同时分析网络性能并获得最优参数决策[79-81]；第二种类型是基于目标函数[118,142,143]利用网络获取瞬时信息从而决策最优参数。这两种方法均有各自的优点。前者获得的参数值在瞬时可能不是最优配置，而后者获得的瞬时最优配置需消耗大量的信令和计算资源。本书的异构网络性能研究采用第一种统计方法。

网络性能研究最简单的方案是蒙特卡洛仿真方法。蒙特卡洛仿真方法通过生成大量随机样本模拟网络传输，并采用统计的方法获得网络性能。这种统计方法计算复杂度高，需消耗大量计算资源，无法快速捕获网络参数之间的耦合关系及各参数对网络性能的影响。相比于蒙特卡洛仿真方法而言，理论建模并解析推导网络性能难度更高，但网络性能的解析解可大幅降低计算复杂度，而且能为网络性能优化提供便利条件。

随机几何是一门研究有限维度随机空间格局的学问，具有非常强大的数学和统计能力，被广泛应用于建模、分析和设计具有随机拓扑的无线网络[73,75,144]。这种利用随机几何理论建立的网络模型不但能捕获网络实体分布的几何特性，而且可以推导出易处理的解析结果。基于解析结果进一步对网络性能进行优化，可以获得静态最优网络配置，为系统设计提供参考。自从 Andrews 于 2011 年将泊松点过程模型引入到蜂窝网络性能研究中之后，基于 PPP 随机几何建模方法得到了学者们的普遍认可。当前基于 PPP 模型已广泛应用于异构网络性能分析。

2.3.1 空间点过程概念

随机几何理论应用于蜂窝网络性能研究，相当于根据网络类型和物理层行为，将网络实体抽象成一个具有网络属性的空间点过程。本书利用点过程模拟网络基站的位置分布。当前在异构网络性能分析中，应用最为流行的点过程包括泊松点过程模型（PPP）、硬核点过程（HCPP）和泊松簇过程（PCP）等。典型空间点过程概念描述如下：

定义 2.1 泊松点过程（PPP）：在有限维度空间（$\mathbb{R}^d$）上的强度测度为 Λ 的泊松点过程 Φ 对于每个 $k=1,2,\cdots$ 和所有有边界且相互不相交集合 A_i（$i=1,2,\cdots,k$）均满足：

$$\mathbb{P}\{\Phi(A_1)=n_1,\cdots,\Phi(A_k)=n_k\} = \prod_{i=1}^{k}\left(e^{-\Lambda(A_i)}\frac{\Lambda(A_i)^{n_i}}{n_i!}\right) \quad (2\text{-}1)$$

其中，$\{\Lambda(A_1),\Lambda(A_2)\cdots\Lambda(A_k)|(A_i\subset\mathbb{R}^d)\}$ 是独立的随机变量。如果 $\Lambda(\mathrm{d}x)=\lambda\mathrm{d}x$ 是几何空间 $\mathbb{R}^d$ 的勒贝格测度，则称 Φ 为齐次泊松点过程，并且 λ 是该齐次泊松点过程的强度参数。

定义 2.2 Martern 硬核点过程（HCPP）：Martern 硬核点过程是泊松点过程的修正。一个点过程 $\Phi=\{A_i;i=1,2,3,\cdots\}\subset\mathbb{R}^d$ 为 HCPP 当且仅当 $\|A_i-A_j\|\geqslant r_h$，$\forall A_i,A_j\in\Phi,i\neq j$，其中，$r_h\geqslant 0$ 是一个预定的硬核参数。

定义 2.3 泊松簇过程（PCP）：泊松簇过程分为两级节点。母节点由泊松点过程 $\Phi=\{A_i;i=1,2,3,\cdots\}$ 构成，由独立同分布均值为 M 个子节点组成群簇替代泊松点过程分布的每个母节点。

泊松点过程、Martern 硬核点过程及泊松簇过程仿真实现如图 2.12 所示。如果仅从网络基站位置分布的角度上出发，硬核点过程更接近实际网络布局。由于没有最小距离约束，泊松点过程存在点与点之间的距离非常接近的可能。

泊松簇过程适用于建模群簇状分布场景。虽然 HCPP 与实际基站布局具有较高的相似性，但推导解析结果非常困难，而且获得的解析结果仍然较为复杂，不利于进一步研究优化配置；相反地，虽然泊松点过程没有限制点与点之间的最短距离，基于 PPP 分布获得的解析结果将低估网络性能，但其最大的优点是可以获得易处理的解析结果。此外，从保守评估网络性能的角度出发，基于泊松点过程的网络模型是最佳选择。近年来，基于 PPP 模型的异构网络相关研究已引起学术界广泛关注。

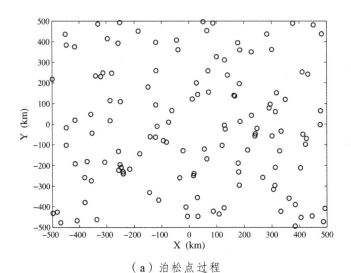

（a）泊松点过程

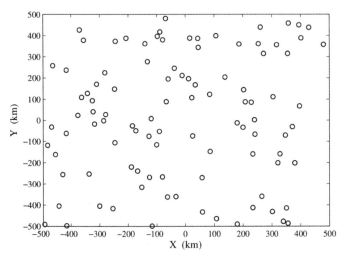

（b）硬核点过程

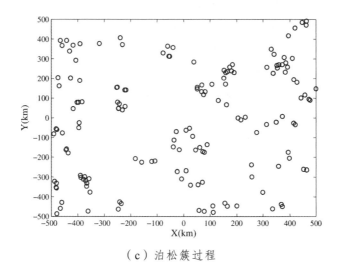

(c)泊松簇过程

图 2.12 PPP、HCPP 和 PCP 点过程仿真实现

2.3.2 泊松点过程模型

利用随机几何理论建立的网络评估模型可以获得易处理的解析结果。为了说明基于泊松点过程模型的特点,这里以传统单层宏蜂窝网络场景为示例。假定每个基站具有相同的传送功率,并且用户采用基于最大接收功率的连接策略,基站覆盖范围由泰森多边形(Voronoi Tessellations)[145]构成。为了更清晰说明不同网络模型之间的区别,图 2.13 显示了基于传统网络模型、实际基站部署[79]和泊松点过程模型的网络覆盖范围。

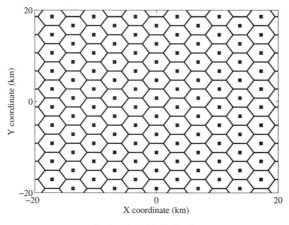

(a)基于网格模型

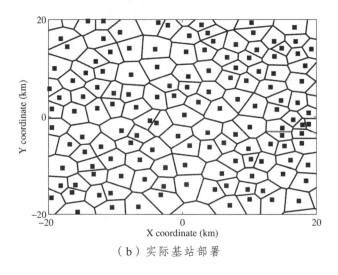

（b）实际基站部署

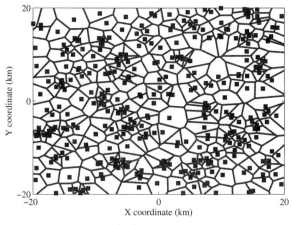

（c）基于泊松点过程模型

图 2.13 同构网络蜂窝覆盖范围

从传统宏基站布局和网络覆盖区域来看，实际的宏基站布局并不等同于完全规则的正六边形网格模型，呈现一定的随机性。泊松点过程网络模型恰好能捕捉低功率基站无规划部署的随机特性。文献[79]证明了基于泊松点过程模型与基于网格模型获得的同构宏蜂窝网络性能具有相近的准确度。在异构网络中，由于低功率基站由用户部署，泊松点过程模型恰好能捕捉这种随机分布特性，获得的网络性能解析结果准确可靠。正因为随机几何理论可获得易处理的解析结果且准确可靠，PPP 模型如今已广泛应用于异构网络性能分析。

获知蜂窝负载分布是研究异构网络资源分配的基础,根据文献[146]得出的解析结果,网络基站位置服从 PPP 分布的单层网络随机选择蜂窝的面积概率密度函数（Probability Density Function, PDF）可近似计算为:

$$f_s(x) = \frac{3.5^{3.5}}{\Gamma(3.5)} x^{2.5} \exp(-3.5x) \qquad (2\text{-}2)$$

典型用户所在蜂窝的面积概率密度函数可表示为[82]:

$$f_{s|A}(x) = \frac{3.5^{4.5}}{\Gamma(4.5)} x^{3.5} \exp(-3.5x)$$

$$\stackrel{\Gamma(t+1)=t\Gamma(t)}{=} \frac{3.5^{3.5}}{\Gamma(3.5)} x^{3.5} \exp(-3.5x) \qquad (2\text{-}3)$$

假设基站分布密度为 λ_1,网络用户位置服从 PPP 分布,且密度为 λ_2,则随机选择蜂窝和典型用户所在蜂窝的用户数量概率质量函数分别为[87]:

$$\mathbb{P}(N = n) = \frac{3.5^{3.5} \Gamma(n+3.5)(K)^{3.5}}{\Gamma(3.5) n! (1+3.5K)^{n+3.5}} \qquad (2\text{-}4)$$

$$\mathbb{P}(N^0 = n) = \frac{3.5^{3.5} \Gamma(n+3.5)(K)^{4.5}}{\Gamma(3.5)(n-1)!(1+3.5K)^{n+3.5}} \qquad (2\text{-}5)$$

其中,$K = \dfrac{\lambda_1}{\lambda_u}$。

2.4 异构网络中用户与服务基站间距离分布

获得典型用户与服务基站之间的距离分布是研究异构网络性能的基础。本节基于异构网络场景,假定第 k（$k=1,2$）层基站位置均服从强度为 λ_k 独立的 PPP 分布。用户位置服从另一个强度为 λ_u 独立的 PPP 分布。系统信道模型考虑大尺度路径损耗 α_k、阴影衰落 χ_k 和小尺度瑞利衰落 $h_x \sim \exp(1)$。其中,阴影衰落系数 χ_k 服从对数正态分布,即 $\chi_k \sim 10^{\frac{X_k}{10}}$,$X_k \sim N(\varepsilon_k, \sigma_k^2)$。采用基于长期平均功率偏置的用户连接策略,偏置因子为 δ_k（$\delta_1=1, \delta_2>1$）,因此瑞利衰落不影响用户连接。基于上述假设,典型用户接收来自距离原点 x 处基站的信号强度为:

$$P(x) = P_k H_k \mathcal{X}_k \|x\|^{-\alpha_k} = P_k H_x \left\| \mathcal{X}_k^{-1/\alpha_k} x \right\|^{-\alpha_k} = P_k H_x \|\tilde{x}\|^{-\alpha_k} \qquad (2\text{-}6)$$

根据文献[147]引理 1 及文献[148]推论 3，阴影衰落的影响可视为原 PPP Φ_k 的新点过程替代。这个新点过程 Φ_k^s 仍然服从 PPP 分布，其强度为 $\lambda_k^s = \lambda_k \mathbb{E}[\chi_k^{2/\alpha_k}]$。为了书写方便，定义 $\mathcal{S}_k = \mathbb{E}[\chi_k^{2/\alpha_k}]$，则 $\lambda_k^s = \lambda_k \mathcal{S}_k$。利用高斯分布的矩生成函数（Moment Generating Function，MGF），可获得

$$\mathcal{E}[\chi_k^{2/\alpha_k}] = \exp\left[\frac{\ln 10}{5}\frac{\varepsilon_k}{\alpha_k} + \frac{1}{2}\left(\frac{\ln 10}{5}\frac{\sigma_k}{\alpha_k}\right)^2\right] \quad (2\text{-}7)$$

下面针对两层异构网络场景，基于典型的异构网络资源管理方案，推导用户与服务基站间距离分布 PDF，并分析基站部署密度及用户连接偏置对用户与服务基站之间距离分布的影响。

2.4.1 基于小区范围扩张方案的服务距离分布

在联合用户连接和资源分配方案中，当小蜂窝为扩张区域用户提供服务时，宏基站在对应的部分频谱或时域资源上静默。网络用户所在区域划分为三种类型，即宏蜂窝区域 C_1、小蜂窝未偏置区域 $C_{\bar{\delta}}$ 及扩张区域 C_δ。基于小区范围扩张和资源分配联合方案的工作原理在第 3 章中会进一步详细介绍。当用户位于 C_1 区域时，用户连接到最近的宏基站，而当用户位于 $C_{\bar{\delta}}$ 及 C_δ 区域时，连接到最近的 Pico BS。三种不同区域用户与服务基站的距离 PDF 在如下引理中给出。

引理 2.1　基于用户连接和频谱资源分配联合方案异构网络，典型用户 $u \in C_l (l = \{1, \bar{\delta}, \delta\})$ 与服务基站间距离 PDF 为：

$$f_1(x) = \frac{2\pi\lambda_1^s}{\mathcal{A}_1} x \exp\left(-\pi\sum_{j=1}^{2}\lambda_j^s(\hat{P}_j\hat{\delta}_j)^{\frac{2}{\alpha_j}} x^{\frac{2}{\hat{\alpha}_j}}\right) \quad (2\text{-}8)$$

$$f_{\bar{\delta}}(x) = \frac{2\pi\lambda_2^s}{\mathcal{A}_{\bar{\delta}}} x \exp\left\{-\pi\sum_{j=1}^{2}\lambda_j^s(\hat{P}_j)^{\frac{2}{\alpha_j}} x^{\frac{2}{\alpha_j}}\right\} \quad (2\text{-}9)$$

$$f_\delta(x) = \frac{2\pi\lambda_2^s}{\mathcal{A}_\delta} x \left\{\exp\left\{-\pi\sum_{j=1}^{2}\lambda_j^s(\hat{P}_j\hat{\delta}_j)^{\frac{2}{\alpha_j}} x^{\frac{2}{\alpha_j}}\right\} - \right.$$

$$\left.\exp\left\{-\pi\sum_{j=1}^{2}\lambda_j^s(\hat{P}_j)^{\frac{2}{\alpha_j}} x^{\frac{2}{\alpha_j}}\right\}\right\} \quad (2\text{-}10)$$

证明： 首先证明典型用户 $u \in C_1$ 与服务基站间距离分布。使用 X_1 表示典型用户与服务宏基站之间的距离。基于两层异构网络场景，X_1 的互补累积分布函数（Complementary Cumulative Distribution Function，CCDF）为：

$$\mathbb{P}(X_1 > x) = \frac{\mathbb{P}(\tilde{R}_1 > x, u \in C_1)}{\mathbb{P}(u \in C_1)} \tag{2-11}$$

其中，$\mathbb{P}(u \in C_1)$ 即宏蜂窝内部区域用户连接概率 $\mathcal{A}_1$，可计算为：

$$\begin{aligned}\mathcal{A}_1 &= \mathbb{P}[P_1 \tilde{R}_1^{-\alpha_1} > \delta P_2 \tilde{R}_2^{-\alpha_2}] \\ &= \int_0^\infty \mathbb{P}\left(\tilde{R}_2 > \left(\frac{\delta P_2}{\tau P_1}\right)^{1/\alpha_2} r^{\alpha_1/\alpha_2}\right) f_{\tilde{R}_1}(r) \mathrm{d}r \end{aligned} \tag{2-12}$$

因为 $\mathbb{P}(\tilde{R}_1 > r) = \mathbb{P}(\Phi_1^s \cap b(0,r) = \varnothing) \overset{(a)}{=} \exp(-\pi \lambda_1^s r^2)$，$f_1(x) = \frac{\mathrm{d}}{\mathrm{d}x}[1 - \mathbb{P}(X_1 > x)] \overset{(b)}{=} 2\pi r \exp(-\pi \lambda_1^s r^2)$，步骤（a）和（b）均根据文献[147]引理 1 结论所得，代入即可获得公式（2-8）。公式（2-9）~（2-10）可通过同样的推导步骤获得。

2.4.2 基于 FeICIC 和 CRE 联合方案服务距离分布

FeICIC 方案是指：在宏基站为边缘区域用户服务的同时，低功率基站为未偏置区域用户服务；反之，当宏基站以缩减功率为内部区域用户提供服务时，低功率基站为扩张区域服务。本节首先基于联合用户连接、功率控制及子信道分配方案，即异构网络运行在 FeICIC 模式，推导典型用户与服务基站之间的距离分布 PDF。两层异构网络用户连接及蜂窝覆盖区域如图 2.6 所示。在 FeICIC 运行模式下，宏基站以功率缩减因子为 β 的功率为内部区域 C_i 提供服务。假定用户基于功率偏置连接策略，在 $\delta_1 = 1$ 且 $\delta_2 > 1$ 的情况下，小蜂窝覆盖范围进行了扩张，对应的扩张区域为 C_δ。

引理 2.2 基于两层异构网络 FeICIC 方案，宏蜂窝内部区域 C_i、边缘区域 C_e、小蜂窝未偏置区域 $C_{\bar{\delta}}$ 与扩张区域 C_δ 对应的典型用户与服务基站之间的距离 PDF 分别为：

$$f_i(x) = \frac{2\pi \lambda_1^s}{\mathcal{A}_i} x \exp\left\{-\pi \sum_{j=1}^2 \lambda_j^s (\hat{\beta}_j \hat{P}_j \hat{\delta}_j)^{\frac{2}{\alpha_j}} x^{\frac{2}{\alpha_j}}\right\} \tag{2-13}$$

$$f_e(x) = \frac{2\pi \lambda_1^s}{\mathcal{A}_e} x \left\{\exp\left\{-\pi \sum_{j=1}^2 \lambda_j^s (\hat{P}_j \hat{\delta}_j)^{\frac{2}{\alpha_j}} x^{\frac{2}{\alpha_j}}\right\} - \exp\left\{-\pi \sum_{j=1}^2 \lambda_j^s (\hat{\beta}_j \hat{P}_j \hat{\delta}_j)^{\frac{2}{\alpha_j}} x^{\frac{2}{\alpha_j}}\right\}\right\}$$

$$\tag{2-14}$$

$$f_{\bar{\delta}}(x) = \frac{2\pi \lambda_2^s}{\mathcal{A}_{\bar{\delta}}} x \exp\left\{-\pi \sum_{j=1}^{2} \lambda_j^s (\hat{P}_j)^{\frac{2}{\alpha_j}} x^{\frac{2}{\alpha_j}}\right\} \quad (2\text{-}15)$$

$$f_{\delta}(x) = \frac{2\pi \lambda_2^s}{\mathcal{A}_{\delta}} x \left\{\exp\left\{-\pi \sum_{j=1}^{2} \lambda_j^s (\hat{P}_j \hat{\delta}_j)^{\frac{2}{\alpha_j}} x^{\frac{2}{\alpha_j}}\right\} - \exp\left\{-\pi \sum_{j=1}^{2} \lambda_j^s (\hat{P}_j)^{\frac{2}{\alpha_j}} x^{\frac{2}{\alpha_j}}\right\}\right\}$$

$$(2\text{-}16)$$

其中，$\mathcal{A}_i$ 为宏蜂窝内部区域用户连接概率，具体表达式见公式（4-3），$\hat{\beta}_j = \frac{\beta_j}{\beta_{J(l)}} (l \in \{i,e,\bar{\delta},\delta\})$，$\hat{P}_j = \frac{P_j}{P_{J(l)}}$，$\hat{\delta}_j = \frac{\delta_j}{\delta_{J(l)}}$，$J(i) = J(e) = 1$，$J(\bar{\delta}) = J(\delta) = 2$，$\beta_2 = 1$，$\delta_2 = \delta$ 且 $\delta_1 = 1$。

证明： 典型用户 u ($u \in C_i$) 到服务基站之间的距离分布。使用 X_i 表示典型用户与服务宏基站之间的距离。基于两层异构网络场景，X_i 的互补累积分布函数（Complementary cumulative distribution function，CCDF）为：

$$\mathbb{P}(X_i > x) = \frac{\mathbb{P}(\tilde{R}_{J(i)} > x, u \in C_i)}{\mathbb{P}(u \in C_i)} \quad (2\text{-}17)$$

$\mathbb{P}(u \in C_i)$ 即宏蜂窝内部区域用户连接概率 $\mathcal{A}_i$，使用引理2.1相似的证明步骤，即可获得公式（2-13）。公式（2-14）-（2-16）可通过同样的推导步骤获得。

2.4.3 基于跨层协作方案服务距离分布

1. 位置感知跨层协作

针对稀疏异构网络场景，基于位置感知的跨层协作传输方案如图2.9所示。δ_1 和 δ_2 为协作因子，δ_1 和 δ_2 的取值越大，则网络协作传输范围 C_0 越大。使用 $f_{\tilde{R}_o}(r)$ 表示典型用户到最近宏基站和 Pico 基站距离的联合 PDF。相应地，$f_{\tilde{R}_m}(r)$ 和 $f_{\tilde{R}_p}(r)$ 分别表示宏用户和 Pico 基站用户与服务基站之间距离分布 PDF。$f_{\tilde{R}_l}(r)(l \in \{m,p,o\})$ 的解析式在如下引理中给出。

引理2.3 典型用户与服务基站之间的距离分布 PDF 为：

$$f_{R_m}(r) = \frac{2\pi \lambda_1^s}{\mathcal{A}_m} r \exp\left\{-\pi\left(\lambda_1^s r^2 + \lambda_2^s \left(\frac{\delta_2 P_2}{P_1}\right)^{\frac{2}{\alpha_2}} r^{\frac{2\alpha_1}{\alpha_2}}\right)\right\} \quad (2\text{-}18)$$

$$f_{R_p}(r) = \frac{2\pi \lambda_2^s}{\mathcal{A}_p} r \exp\left\{-\pi\left(\lambda_2^s r^2 + \lambda_1^s \left(\frac{\delta_1 P_1}{P_2}\right)^{\frac{2}{\alpha_1}} r^{\frac{2\alpha_2}{\alpha_1^s}}\right)\right\} \quad (2\text{-}19)$$

$$f_{R_o}(r) = \frac{4\pi^2 \lambda_1^s \lambda_2^s}{\mathcal{A}_o} r_1 r_2 \exp\left[-\pi(\lambda_1^s r_1^2 + \lambda_2^s r_2^2)\right] \quad (2\text{-}20)$$

其中，$r_1 \geq 0$ 并且 $\left(\dfrac{P_2}{\delta_1 P_1}\right)^{\frac{1}{\alpha_2}} r_1^{\frac{\alpha_1}{\alpha_2}} < r_2 < \left(\dfrac{\delta_2 P_2}{P_1}\right)^{\frac{1}{\alpha_2}} r_1^{\frac{\alpha_1}{\alpha_2}}$ 。

证明：首先推导典型用户位于协作区域 C_0 时的服务距离联合 PDF $f_{\tilde{R}_o}(r)$。假设典型用户到最近宏基站和微微基站的距离分别为 R_1 和 R_2，根据本系统的用户连接和协作传输方案，可得

$$\left(\frac{P_2}{\delta_1 P_1}\right)^{\frac{1}{\alpha_2}} \tilde{R}_1^{\frac{\alpha_1}{\alpha_2}} < R_2 < \left(\frac{\delta_2 P_2}{P_1}\right)^{\frac{1}{\alpha_2}} \tilde{R}_1^{\frac{\alpha_1}{\alpha_2}} \quad (2\text{-}21)$$

因此，$R_1 > r_1$ 且 $R_2 > r_2$ 的 CCDF 可表达为：

$$\begin{aligned}
&\mathbb{P}(\tilde{R}_1 > r_1, \tilde{R}_2 > r_2 \mid u \in C_o) \\
&= \frac{\mathbb{P}\left(\tilde{R}_1 > r_1, \tilde{R}_2 > \max\left(r_2, \left(\frac{P_2}{\delta_1 P_1}\right)^{\frac{1}{\alpha_2}} R_1^{\frac{\alpha_1}{\alpha_2}}\right)\right)}{\mathbb{P}(u \in C_o)} - \\
&\quad \frac{\mathbb{P}\left(\tilde{R}_1 > r_1, \tilde{R}_2 > \max\left(r_2, \left(\frac{\delta_2 P_2}{P_1}\right)^{\frac{1}{\alpha_2}} \tilde{R}_1^{\frac{\alpha_1}{\alpha_2}}\right)\right)}{\mathbb{P}(u \in C_o)} \\
&= \frac{1}{\mathcal{A}_o}\left\{\mathbb{P}\left(R_1 > r_1, R_2 > \max\left(r_2, \left(\frac{P_2}{\delta_1 P_1}\right)^{\frac{1}{\alpha_2}} \tilde{R}_1^{\frac{\alpha_1}{\alpha_2}}\right)\right) - \right.\\
&\quad \left. \mathbb{P}\left(\tilde{R}_1 > r_1, \tilde{R}_2 > \max\left(r_2, \left(\frac{\delta_2 P_2}{P_1}\right)^{\frac{1}{\alpha_2}} \tilde{R}_1^{\frac{\alpha_1}{\alpha_2}}\right)\right)\right\} \\
&\overset{(a)}{=} \frac{1}{\mathcal{A}_o} \int_{r_1=0}^{\infty} \left\{\mathbb{P}\left(\tilde{R}_2 > \max\left(r_2, \left(\frac{P_2}{\delta_1 P_1}\right)^{\frac{1}{\alpha_2}} \tilde{R}_1^{\frac{\alpha_1}{\alpha_2}}\right)\right) - \right.\\
&\quad \left. \mathbb{P}\left(\tilde{R}_2 > \max\left(r_2, \left(\frac{\delta_2 P_2}{P_1}\right)^{\frac{1}{\alpha_2}} R_1^{\frac{\alpha_1}{\alpha_2}}\right)\right)\right\} f_{\tilde{R}_1}(r)\,\mathrm{d}r \quad (2\text{-}22)
\end{aligned}$$

其中，步骤（a）是因为同构网络到最近点的距离分布，即 $\mathbb{P}[\tilde{R}_i > r] = \mathbb{P}$ [在半径为 r 范围内无用户] $= \exp[-\pi\lambda_1^s r^2]$。从而

$$f_{\tilde{R}_i}(r) = \frac{\mathrm{d}}{\mathrm{d}r}(1 - \mathbb{P}[\tilde{R}_i > r]) = 2\pi r \exp[-\pi\lambda_1^s r^2] \qquad (2\text{-}23)$$

结合 CCDF $\mathbb{P}[\tilde{R}_1 > r_1, \tilde{R}_2 > r_2]$，可获得 $\tilde{R}_1$ 和 $\tilde{R}_2$ 的联合概率密度函数 $f_{\tilde{R}_o}(r)$ 为：

$$\begin{aligned}
f_{\tilde{R}_o}(r) &= \frac{\partial^2}{\partial r_1 \partial r_2}(1 - \mathbb{P}(\tilde{R}_1 > r_1, \tilde{R}_2 > r_2 \mid u \in C_o)) \\
&= \frac{4\pi^2 \lambda_1^s \lambda_2^s}{\mathcal{A}_o} r_1 r_2 \exp\left[-\pi(\lambda_1^s r_1^2 + \lambda_2^s r_2^2)\right]
\end{aligned} \qquad (2\text{-}24)$$

其中，

$$r_1 \geqslant 0, \left(\frac{P_2}{\delta_1 P_1}\right)^{\frac{1}{\alpha_2}} r_1^{\frac{\alpha_1}{\alpha_2}} < r_2 < \left(\frac{\delta_2 P_2}{P_1}\right)^{\frac{1}{\alpha_2}} r_1^{\frac{\alpha_1}{\alpha_2}} \qquad (2\text{-}25)$$

宏用户与服务基站间距离的 CCDF 为：

$$\begin{aligned}
&\mathbb{P}(\tilde{R}_1 > r_1 \mid u \in C_m) \\
&= \frac{1}{\mathcal{A}_m} \mathbb{P}(\tilde{R}_1 > r_1, P_1 \tilde{R}_1^{-\alpha_1} > \delta_2 P_2 \tilde{R}_2^{-\alpha_2}) \\
&= \frac{1}{\mathcal{A}_m} \int_{r > r_1} \mathbb{P}\left(\tilde{R}_2 > \max\left(r_2, \left(\frac{\delta_2 P_2}{P_1}\right)^{\frac{1}{\alpha_2}} R_1^{\frac{\alpha_1}{\alpha_2}}\right)\right) f_{\tilde{R}_1}(r)\mathrm{d}r
\end{aligned} \qquad (2\text{-}26)$$

因此，$f_{\tilde{R}_m}(r)$ 可计算为：

$$\begin{aligned}
f_{\tilde{R}_m}(r) &= \frac{\mathrm{d}}{\mathrm{d}r}[1 - \mathbb{P}(\tilde{R}_1 > r_1 \mid u \in C_m)] \\
&= \frac{2\pi\lambda_1^s}{\mathcal{A}_m} r \exp\left\{-\pi\left(\lambda_1^s r^2 + \lambda_2^s \left(\frac{\delta_2 P_2}{P_1}\right)^{\frac{2}{\alpha_2}} r^{\frac{2\alpha_1}{\alpha_2}}\right)\right\}
\end{aligned} \qquad (2\text{-}27)$$

类似地，通过同样的推导步骤，可获得 $f_{\tilde{R}_p}(r)$。

2. 以用户为中心跨层群簇协作

在超密集低功率基站部署的异构网络场景中，为了抑制同层及跨层干扰，

联合宏基站和多个低功率节点形成协作群簇是低功率基站超密集部署异构网络解决干扰问题的重要方案。使用 $r_1, r_{s,1}, r_{s,2}, r_{s,3}, \cdots, r_{s,n}$ 依次表示典型用户与信号最强宏基站和第 n 个信号最强低功率基站间的距离，则 $\boldsymbol{r} = [r_1, r_{s,1}, r_{s,2}, r_{s,3}, \cdots, r_{s,n}]$ 的联合 PDF 为：

$$f_{r_n}(\boldsymbol{r}) = (2\pi)^{n+1} \lambda_1 (\lambda_2)^n \exp\{-\pi(\lambda_1 r_1^2 + \lambda_n r_{s,n}^2)\} r_1 \prod_{n=1}^{N} r_{s,n} \qquad (2\text{-}28)$$

其中 $r_1 > 0$，并且 $0 < r_{s,1} < r_{s,2} < \cdots < r_{s,n} < \infty$，其详细的推导过程见后续章节的引理 5.5。

2.5 数值结果与讨论

本节通过蒙特卡洛仿真分别验证三种不同运行模式下的服务距离的概率密度函数解析式，并基于解析结果进一步分析基站部署密度和用户连接偏置对服务基站距离分布的影响。

2.5.1 仿真验证

仿真场景面积为 $10 \times 10 \text{ km}^2$，用户及每层基站位置均服从独立的泊松点过程分布。基站传送功率为 $\{P_1, P_2\} = \{46, 30\}$ dBm，路径损耗指数 $\{\alpha_1, \alpha_2\} = \{4, 4\}$，阴影衰落参数设置为 $\{\varepsilon_1, \varepsilon_2\} = \{0, 0\}$ dB，$\{\sigma_1, \sigma_2\} = \{3.5, 4.6\}$ dB。在默认情况下，基站部署密度设置为：$\lambda_1 = 2 \text{ BS/km}^2$，$\lambda_2 = 5\lambda_1$。根据 PPP 分布特性，可假定典型用户位于网络中心点。每一次仿真实现，根据功率偏置用户连接策略，可计算出用户与服务基站之间的距离，经过 6 万次仿真实现，并通过统计的方法即可获得用户与服务基站间距离分布。

本章仅针对前两种方案中用户与服务基站间距离分布解析式进行仿真验证。基于跨层群簇协作方案的用户与服务基站间距离分布解析式，在第 5 章中进行仿真验证。

（1）联合小区范围扩张及子信道分配方案。

低功率基站执行范围扩张技术，即用户采用基于功率偏置的连接策略，功率偏置值 $\delta_2 = 10$ dB。位于宏蜂窝区域、小蜂窝未偏置区域及扩张区域的用户与服务基站间距离 PDF 解析式（2-8）~（2-10）的正确性，在图 2.14（a）中得到了验证。$P(R_1 \leqslant X)$、$P(R_2 \leqslant X)$ 及 $P(R_\delta \leqslant X)$ 分别表示位于 C_1、$C_{\bar{\delta}}$ 及 C_δ 区域用户与服务基站之间距离的累积分布函数（Cumulative Distribution Function，CDF）。从图中可知解析结果和仿真结果一致。

（2）联合 FeICIC 和 CRE 方案。

在 FeICIC 方案中，宏基站对内部区域用户服务的区域控制因子为 $\tau = 0.2$，设置功率偏置值 $\delta_2 = 10$ dB。基于宏基站功率缩减传输方案，位于 C_i、C_e、$C_{\bar{\delta}}$、C_{δ} 区域用户与服务基站间距离分布 PDF 解析结果见公式（2-13）~（2-16）。图 2.14 验证了解析结果的准确性。

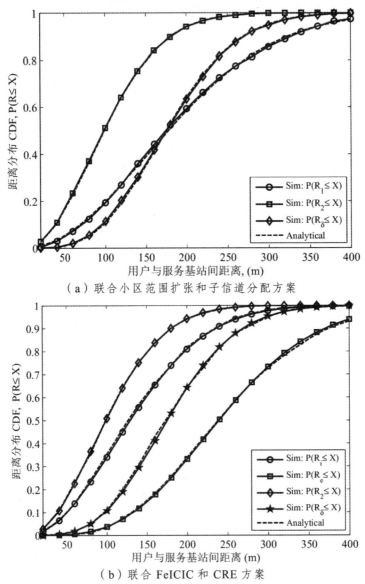

(a) 联合小区范围扩张和子信道分配方案

(b) 联合 FeICIC 和 CRE 方案

图 2.14　用户与服务基站间距离分布解析结果验证

2.5.2 服务距离分析

基于小区范围扩张和子信道分配方案,图 2.15 进一步调研了用户连接偏置和低功率基站部署密度对服务基站距离的影响。从图 2.15(a)中可看出,当低功率基站部署密度 $\lambda_2=5\lambda_1$ 时,用户连接偏置从 $\delta_2=4$ dB 增加至 8 dB,服务距离 CDF 值提高,由于功率偏置的值增大,宏蜂窝边缘区域用户的卸载能力加强,从而宏用户与服务基站的距离缩小,但增加了扩张区域用户与服务基站间的距离。保持功率偏置 $\delta_2=8$ dB,增加低功率基站部署密度,服务距离分布 CDF 值增加。因为基站部署密度越大,用户与服务基站间距离越小。

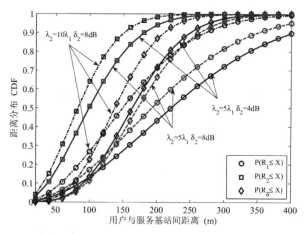

(a)联合小区范围扩张和子信道分配方案

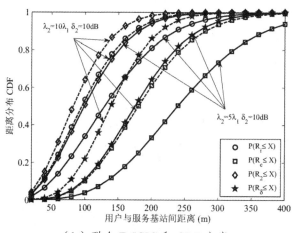

(b)联合 FeICIC 和 CRE 方案

图 2.15 连接偏置和基站部署密度对服务距离的影响

图 2.15（b）基于宏基站功率缩减传输方案，进一步分析基站部署密度对服务基站距离的影响。从图中可观察到，在给定的用户连接偏置条件下，由于低功率基站部署密度越大，基站的平均覆盖范围越小，因此用户与服务基站之间的距离缩短，从而用户与服务基站间距离 CDF 提高。

针对位置感知跨层基站协作异构网络，用户与服务基站之间的距离分布 CDF 如图 2.16 所示。其中，$\delta_1 = \infty$ 且 $\delta_2 = \infty$，即全网络用户处于跨层协作服务模式，在超密集异构网络群簇协作传输方案中，相当于群簇大小为 $n=1$。图中 X_1 表示用户与服务宏基站之间的距离，X_2 表示用户与服务 Pico 基站之间的距离。宏基站部署密度为 2 BS/km^2，低功率基站部署密度为 $\lambda_2 = 5\lambda_1$。从图中可观察到，典型用户与低功率服务基站距离基本上在 400 m 范围内，而用户与服务宏基站间距离约在 800 m 范围内。

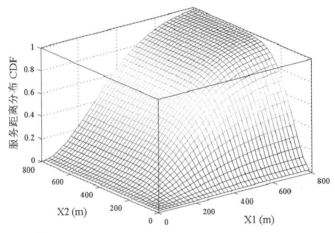

图 2.16 跨层协作方案用户与服务基站间距离分布

2.6 本章小结

本章首先介绍了基于 OFDMA 系统无线资源分配方式，并简要说明了异构网络资源管理技术，包括用户连接、功率控制、时频域资源分配以及协作传输方案。其次，介绍了泊松点过程、硬核点过程及泊松簇过程的随机几何应用及基本特性。最后，针对异构网络场景，基于典型资源管理方案，利用随机几何理论推导了用户与服务基站的距离分布，并通过蒙特卡洛仿真验证了解析结果的准确性。本章获得的解析结果为后续章节的异构网络资源管理及性能研究提供了理论基础。

第 3 章 回程受限异构网络中小区范围扩张及子信道分配性能分析

3.1 引 言

在传统宏蜂窝网络基础上部署低功率基站构成 HetNets 被视为未来 5G 无线网络满足爆炸式数据增长需求的关键方案[26]。联合小区范围扩张与资源分配方案是解决异构网络负载不平衡及严重同信道干扰问题的重要技术。OFDMA 可实现频谱资源的灵活分配并具有突出的抗干扰性能,属未来 5G 网络重要的无线接入技术。基于 OFDMA 异构网络,研究用户连接及子信道分配最优方案亟待开展。虽然最近的工作[94]针对两层异构网络下行链路,提出了平均速率性能解析表达式,并调研了最优的用户连接偏置和资源分配系数,但该文献仅考虑了理想回程链路场景,并且系统信道模型仅考虑路径损耗和瑞利衰落。基于成本考虑,实际基站 Backhaul 链路容量有限,尤其是低功率基站[55],通过非理想容量链路连接到核心网络。随着智能移动终端数量的快速增加,无线数据传输需求迅猛增长,非理想 Backhaul 将成为限制网络性能提升的潜在瓶颈[55]。由于有限回程容量无法支持大量的数据传输,卸载过多宏用户将导致小蜂窝阻塞,从而恶化网络性能[149]。此外,由于阴影衰落直接影响用户连接,忽略阴影衰落的影响,将导致次优的资源分配方案。针对 OFDMA 回程受限异构网络场景,基于通用信道模型,在合理建模网络干扰的基础上,获得最优用户连接偏置与子信道分配系数亟待解决。

本章在文献[94]工作基础上,吸收了阴影衰落,针对 Macro-Pico 回程受限的异构网络场景,建立联合小区范围扩张和子信道分配理论分析模型。为了捕捉异构网络低功率基站位置分布的随机特性,每层基站位置及用户位置分别建模为独立的 PPP,运用随机几何理论[73]推导网络覆盖、速率覆盖及能量效率性能解析式,并通过蒙特卡洛仿真验证解析结果的准确性。基于解析结果,分析用户连接偏置及资源分配系数对速率覆盖性能的影响,并研究最优的用户连接偏置和资源分配系数。此外,实现能量有效通信是未来 5G 移动网络的主要目标,考虑到低功率基站密集部署网络功率消耗巨大,并且能量有效的基站部署是网络运营商关心的问题，本章进一步研究异构网络能量效率最优的基站部署密度。

本章组织结构如下：3.2 节介绍基于 OFDMA 回程受限异构网络系统模型。3.3 节推导网络覆盖、速率覆盖及能量效率解析表达式。3.4 节通过蒙特卡洛仿真验证解析结果的准确性，并分析回程容量对网络速率和最优用户连接偏置的影响，研究速率覆盖最优的用户连接偏置及资源分配系数，同时研究能量效率最优的低功率基站部署密度。3.5 节总结本章内容。

3.2 系统模型

考虑基于 OFDMA 技术且由 Macro 和 Pico 两层基站构成回程容量受限异构网络场景。第 k $(k=1,2)$ 层基站位置建模为强度为 λ_k 的独立 PPP 分布 Φ_k。假定 Macro 基站和 Pico 基站分别代表层 1 和层 2。用户随机散落且服从强度为 λ_u 的 PPP 分布 Φ_u。系统总频谱均匀划分成 S 个子信道。Macro 和 Pico 基站的最大传送功率为 P_1^m 和 P_2^m。假定每层基站在各个子信道上传输功率均匀，因此 Macro 和 Pico 基站在每个子信道上的传输功率分别为 $P_1 = P_1^m / S$ 和 $P_2 = P_2^m / S$。不失通用性，针对位于原点的典型用户进行性能分析。典型用户接收来自距离原点 x 处基站的信号强度为：

$$P(x) = P_k H_x \mathcal{X}_{kx} \|x\|^{-\alpha_k} \qquad (3\text{-}1)$$

其中，$H_x \sim \exp(1)$ 是瑞利衰落，$\mathcal{X}_{kx}$ 为阴影衰落，α_k 是第 k 层路径损耗指数。假定 $\mathcal{X}_{kx}$ 为 i.i.d.，为表达清晰起见，使用 $\mathcal{X}_k$ 表示第 k 层阴影衰落。在满足 $\mathbb{E}[\mathcal{X}_k^{2/\alpha_k}] < \infty$ 条件下，$\mathcal{X}_k$ 可假定为任意分布。对数正态阴影衰落是最为普遍的阴影衰落假设，$\mathcal{X}_k = 10^{X_k/10}$，$X_k \sim \mathcal{N}(\varepsilon_k, \sigma_k^2)$。其中 ε_k 和 σ_k^2 分别表示阴影衰落的均值和方差。利用高斯分布的矩生成函数（Moment Generating Function，MGF），可获得 $\mathbb{E}[\mathcal{X}_k^{2/\alpha_k}] = \exp\left(\dfrac{\ln 10}{5}\dfrac{\varepsilon_k}{\alpha_k} + \dfrac{1}{2}\left(\dfrac{\ln 10}{5}\dfrac{\sigma_k}{\alpha_k}\right)^2\right)$。

3.2.1 用户连接

因为瑞利衰落 H_x 变化时间尺度较小，在频率选择性信道中可以被平均掉，本章假定瑞利衰落不影响用户蜂窝选择。为了充分利用小蜂窝资源，本方案执行功率偏置的连接策略，即每个用户连接到提供平均偏置接收功率最

第3章 回程受限异构网络中小区范围扩张及子信道分配性能分析

大的基站。用 R_k 表示典型用户与第 k 层最近基站之间的距离，δ ($\delta>1$) 表示小蜂窝连接偏置。典型用户接收服务基站的平均功率为 $P(\tilde{R}_k) = P_k \tilde{R}_k^{-\alpha_k}$，其中，$\tilde{R}_k = \mathcal{X}_k^{-1/\alpha_k} \tilde{R}_k$。假如 $P_1 \tilde{R}_1^{-\alpha_1} > \delta P_2 \tilde{R}_2^{-\alpha_2}$，则典型用户连接到提供信号最强的 Macro 基站（位于 C_1 区域），否则连接到提供信号最强的 Pico 基站。当用户连接到 Pico 基站时，如果 $P_2 \tilde{R}_2^{-\alpha_2} > P_1 \tilde{R}_1^{-\alpha_1}$，则典型用户位于未偏置区域 $C_{\bar{\delta}}$；如果 $\delta P_2 \tilde{R}_2^{-\alpha_2} > P_1 \tilde{R}_1^{-\alpha_1} > P_2 \tilde{R}_2^{-\alpha_2}$，则用户连接到扩张区域 C_δ。公式（3-1）可进一步写成 $P(x) = P_k H_x \| \mathcal{X}_k^{-1/\alpha_k} x \|^{-\alpha_k} = P_k H_x \| \tilde{x} \|^{-\alpha_k}$。阴影衰落直接影响网络用户的服务基站选择。根据文献[147]引理 1 及文献[148]推论 3，阴影衰落的引入可视为原 PPP Φ_k 的新点过程的替代。这个新点过程 Φ_k^s 仍然服从 PPP 分布，其强度为 $\lambda_k^s = \lambda_k \mathbb{E}[\mathcal{X}_k^{2/\alpha_k}]$。为了书写方便，定义 $\mathcal{S}_k = \mathbb{E}[\mathcal{X}_k^{2/\alpha_k}]$。

基于 Macro-Pico 两层异构网络覆盖区域及干扰抑制方案如图 3.1 所示。宏蜂窝采用静默部分无线资源的方式消除小蜂窝扩张区域跨层干扰。如前文所述，OFDMA 系统可提供灵活的资源分配方式。本章基于频域多信道分配方式，即 Macro 层静默的部分子信道，而这部分子信道专门分配给小蜂窝扩张区域用户。小蜂窝未偏置区域用户与宏蜂窝用户共享系统部分频谱资源。使用 $\mathcal{A}_l (l \in \{1, \bar{\delta}, \delta\})$ 标注 C_l 区域用户连接概率。其解析结果见引理 3.1。

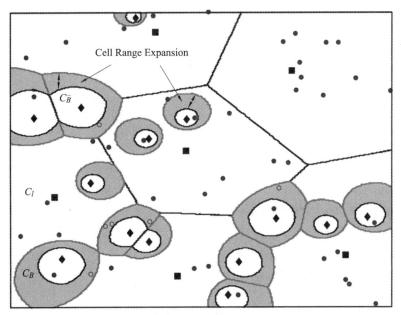

（a）Macro 层活跃

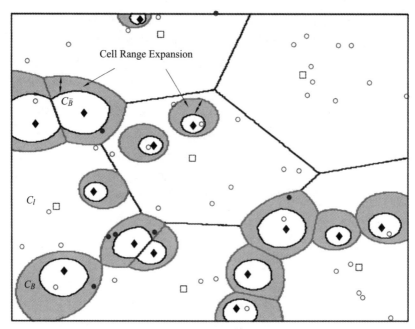

（b）Macro 层静默

图 3.1 异构网络小区范围扩张及干扰抑制方案

引理 3.1 用户连接概率，$\mathcal{A}_l = \mathbb{P}(u \in C_l)$，可表达为：

$$\mathcal{A}_l = 2\pi\lambda_1^s \int_0^\infty r\exp\left(-\pi\lambda_1^s r^2 - \pi\lambda_2^s \left(\frac{P_2\delta}{P_1}\right)^{\frac{2}{\alpha_1}} r^{\frac{2\alpha_1}{\alpha_2}}\right) dr \tag{3-2}$$

$$\mathcal{A}_{\bar{\delta}} = 2\pi\lambda_2^s \int_0^\infty r\exp\left(-\pi\lambda_2^s r^2 - \pi\lambda_2^s \left(\frac{P_1}{P_2}\right)^{\frac{2}{\alpha_1}} r^{\frac{2\alpha_1}{\alpha_2}}\right) dr \tag{3-3}$$

$$\mathcal{A}_\delta = 2\pi\lambda_2^s \int_0^\infty r\exp\left(-\pi\lambda_2^s r^2 - \pi\lambda_1^s \left(\frac{P_1}{P_2\delta}\right)^{\frac{2}{\alpha_1}} r^{\frac{2\alpha_2}{\alpha_1}}\right)$$

$$\left\{1 - \exp\left(-\pi\lambda_1^s \left(\frac{P_1}{P_2}\right)^{\frac{2}{\alpha_1}} r^{\frac{2\alpha_2}{\alpha_1}}\left(1 - \left(\frac{1}{\delta}\right)^{\frac{2}{\alpha_1}}\right)\right)\right\} dr \tag{3-4}$$

证明： 根据连接概率的定义 $\mathcal{A}_l = \mathbb{P}(u \in C_l)$，宏蜂窝的用户连接概率 $\mathcal{A}_l$ 可计算为：

$$\begin{aligned}
\mathcal{A}_1 &= \mathbb{P}(u \in C_1) \\
&= \mathbb{P}\left[P_1 \tilde{R}_1^{-\alpha_1} > \delta P_2 \tilde{R}_2^{-\alpha_2} \right] \\
&= \mathbb{E}\left[P_1 \tilde{R}_1^{-\alpha_1} > \delta P_2 \tilde{R}_2^{-\alpha_2} \right] \\
&= \int_0^\infty \mathbb{P}\left(\tilde{R}_2 > \left(\frac{\delta P_2}{\tau P_1}\right)^{1/\alpha_2} r^{\alpha_1/\alpha_2} \right) f_{\tilde{R}_1}(r) \mathrm{d}r
\end{aligned} \qquad (3\text{-}5)$$

通过类似于文献[93]引理 1 和文献[147]引理 2 的推导步骤，可以获得公式（3-2）。公式（3-3）和（3-4）可通过类似的推导方法获得。

当路径损耗指数相等时，即 $\alpha_1 = \alpha_2 = \alpha$ 时，连接概率公式（3-2）~（3-4）可进一步简化为：

$$\mathcal{A}_1 = \frac{(P_1)^{2/\alpha}}{(P_1)^{2/\alpha} + \lambda \mathcal{S}(\delta P_2)^{2/\alpha}} \qquad (3\text{-}6)$$

$$\mathcal{A}_{\bar{\delta}} = \frac{(P_2)^{2/\alpha}}{(P_1)^{2/\alpha}/(\lambda \mathcal{S}) + (P_2)^{2/\alpha}} \qquad (3\text{-}7)$$

$$\mathcal{A}_{\delta} = \frac{(\delta P_2)^{2/\alpha}}{(P_1)^{2/\alpha}/(\lambda \mathcal{S}) + (\delta P_2)^{2/\alpha}} - \frac{(P_2)^{2/\alpha}}{(P_1)^{2/\alpha}/(\lambda \mathcal{S}) + (P_2)^{2/\alpha}} \qquad (3\text{-}8)$$

其中，$\lambda = \frac{\lambda_2}{\lambda_1}$ 且 $S = \frac{S_2}{S_1}$。

用 Φ_u^l ($l \in \{1, \bar{\delta}, \delta\}$) 表示网络 C_l 区域中用户集合，即 $\{\Phi_u^1, \Phi_u^{\bar{\delta}}, \Phi_u^{\delta}\}$ 分别对应宏蜂窝区域、小蜂窝未偏置区域及小蜂窝扩张区域用户集合。在每个用户子集中，用户数量和分配的频谱资源是研究关注的焦点，而在每个用户子集 Φ_u^l 中用户的位置并不重要。因此，Φ_u^l 可以等效建模为强度为 $\mathcal{A}_l \lambda_u$ 的独立 PPP，换言之，Φ_u^l 可以看成是 Φ_u 的削弱版本，其保留概率为 $\mathcal{A}_l$。因为网络中每个用户连接到提供最大平均偏置接收功率基站，因此集合 Φ_u^1 中的每个用户总是连接到信号最强的 Macro 基站，而集合 $\Phi_u^{\bar{\delta}} \cup \Phi_u^{\delta}$ 中的每个用户总是连接到信号最强的 Pico 基站。由 Macro-Pico 构成的网络覆盖区域可视为两层各自独立的泰森多边形（Voronoi Tessellations，VTs）的叠加。每个 Voronoi 蜂窝的面积是 i.i.d.随机变量[146]，结合 PPP 的独立撒布特性，在不相邻区域中点的数量是独立的随机变量[73, 150]，因此宏用户数量在不同的 Macro 蜂窝是 i.i.d.随机变量，同理，小蜂窝扩张区域用户数量及未偏置用户数量在不同的 Pico 蜂窝也是 i.i.d.随机变量。

在蜂窝异构网络中，网络用户分布是网络性能分析的重要参数，随机选择蜂窝和典型用户所在蜂窝用户数量的概率质量函数（Probability Mass Function，PMF）见引理 3.2。

引理 3.2 用 N_l 表示随机选择 Macro 基站的用户数量，$N_{\bar{\delta}}$ 和 N_{δ} 分别表示随机选择 Pico 基站未偏置区域和扩张区域用户数量。不同蜂窝区域的概率质量函数可计算为：

$$\mathbb{P}(N_l = n) = \frac{3.5^{3.5}\Gamma(n+3.5)(K_l)^{3.5}}{\Gamma(3.5)n!(1+3.5K_l)^{n+3.5}}, n \geq 0, \forall l \in \{1,\bar{\delta},\delta\} \quad (3\text{-}9)$$

其中，$K_l = \dfrac{\lambda_{J(l)}}{\lambda_u \mathcal{A}_l}$。

证明： 为了使得证明过程更加完整，本章延伸文献[82]基于单层蜂窝网络研究成果到多层异构网络场景。对于单层网络，规范化蜂窝面积分布的 PDF 可用两参数的伽马函数近似表示为[146]：

$$f_s(y) = \frac{3.5^{3.5}}{\Gamma(3.5)} y^{2.5} e^{-3.5y} \quad (3\text{-}10)$$

对于给定的蜂窝面积，用户连接到基站的数量服从泊松分布。由于多层网络拓扑形成加权泰森多边形，利用文献[83，93]提出的面积分布公式，异构网络随机选择基站在 C_l 区域的用户数量 N_l 的 PMF 可计算为：

$$\begin{aligned}\mathbb{P}(N_l = n) &= \int_0^{\infty} \frac{\left(\dfrac{\mathcal{A}_l \lambda_u}{\lambda_l} y\right)^n}{n!} e^{\frac{\mathcal{A}_l \lambda_u}{\lambda_l} y} f_s(y) \mathrm{d}y \\ &= \frac{3.5^{3.5}\Gamma(n+3.5)(K_l)^{3.5}}{\Gamma(3.5)n!(1+3.5K_l)^{n+3.5}}, n \geq 0, \forall l \in \{1,\bar{\delta},\delta\}\end{aligned} \quad (3\text{-}11)$$

其中，$K_l = \dfrac{\lambda_{J(l)}}{\lambda_u \mathcal{A}_l}$。

引理 3.3 用 N_l^0 表示 Macro 基站包含典型用户在内的用户数量，$N_{\bar{\delta}}^0$ 和 N_{δ}^0 分别表示 Pico 基站未偏置区域和扩张区域包含典型用户在内的负载数量，其概率质量函数分别计算为：

$$\mathbb{P}(N_l^0 = n) = \frac{3.5^{3.5}\Gamma(n+3.5)(K_l)^{4.5}}{\Gamma(3.5)(n-1)!(1+3.5K_l)^{n+3.5}}, n \geq 1, \forall l \in \{1,\bar{\delta},\delta\} \quad (3\text{-}12)$$

证明： 根据文献[82]的推导结果，典型用户所在蜂窝（标注为 Λ）面积的 PDF 可计算为：

$$f_{s|\Lambda}(x) = \frac{3.5^{4.5}}{\Gamma(4.5)} x^{3.5} \exp(-3.5x) \stackrel{\Gamma(t+1)=t\Gamma(t)}{=} \frac{3.5^{3.5}}{\Gamma(3.5)} x^{3.5} \exp(-3.5x) \quad (3\text{-}13)$$

使用引理 3.2 同样的证明过程，可以获得典型用户所在基站的 C_l 区域用户数量概率质量函数公式（3-12）。

3.2.2 子信道分配

为了解决小蜂窝扩张区域用户承受严重宏蜂窝干扰的问题，本系统采用了正交子信道分配的干扰消除方式。不同于文献[93]时域资源分配方法，本系统采用基于频域资源分配方式，即宏蜂窝静默部分频域资源，这部分资源专门分配给小蜂窝扩张区域用户。宏蜂窝区域 C_l 和小蜂窝未偏置区域 $C_{\bar{\delta}}$ 共享比例系数为 $1-\xi(0<\xi<1)$ 的系统频谱资源，而小蜂窝扩张区域 C_δ 占用宏蜂窝静默资源，占用系统资源比例为 ξ。

在给定资源分配比例 ξ 条件下，典型用户 u ($u \in C_l$) 的 SINR 可表达为：

$$SINR = \mathbf{1}\left(l=\{1,\bar{\delta}\}\right) \frac{P_{J(l)} H_x \mathcal{X}_{J(l)} x^{-\alpha_{J(l)}}}{\sum_{j=1}^{2} I_{x,j}^l + \varrho^2} + \mathbf{1}(l=\delta) \frac{P_{J(l)} H_x \mathcal{X}_{J(l)} x^{-\alpha_{J(l)}}}{I_{x,2}^l + \varrho^2} \quad (3\text{-}14)$$

其中，$\mathbf{1}(\cdot)$ 是指示函数，$J(1)=1$，$J(\bar{\delta}) = J(\delta) = 2$，$\varrho^2$ 为可加性噪声功率，$I_{x,j}^l$ 为第 j 层基站总干扰（服务基站 B_0 除外），可计算为：

$$I_j^l = P_j \sum_{y \in \Psi_j^l \setminus B_0} H_y \|y\|^{-\alpha_j} \quad (3\text{-}15)$$

Ψ_j^l 是第 j 层干扰基站集合，具体信息后续将进行详细介绍。

正如前文所述，系统总频谱带宽划分为 S 个子信道，由于 Pico 蜂窝扩张区域分配专用频谱资源，并且占用总频谱资源比例系数为 ξ。分别用 S_1 和 S_δ 分别表示宏蜂窝区域和小蜂窝扩张区域的子信道数量，而小蜂窝未偏置区域共享宏蜂窝频谱资源，即 $S_{\bar{\delta}} = S_1$，并且 $\xi = S_\delta / S$。在 OFDMA 异构网络中，同蜂窝用户之间不存在干扰，因为正交无线资源的分配方式，多用户可同时进行服务。使用 W_u^l 表示蜂窝分配给典型用户（$u \in C_l$）的带宽，假如典型基站 C_l 区域用户数量少于可分配子信道总数量 S_l，则 $W_u^l = \left[\dfrac{W}{S}\right]$，即每个用户分配一个子信道。然而，当用户数量大于可分配子信道总数 S_l 时，用户均等共享蜂窝时频资源。为了数学易处理，假定用户调度及子信道选择均匀且独立，即执行基于频域和时域轮回调度算法，更加复杂的调度算法例如最大速率和比例公平调度超出了本章研究范围，相关问题在未来进一步解决。当蜂窝无负载时，对应基站进入休眠模型。

因为服务在某个子信道上的典型用户接收的干扰仅仅源自那些在该特定子信道上活跃的基站。随机选择基站在某个给定的子信道上活跃的概率在如下引理中进行推导。

引理 3.4 用 $\theta_l(l \in \{1, \bar{\delta}, \delta\})$ 表示随机选择基站在某个特定子信道上活跃的概率，则概率 θ_l 可计算为：

$$\theta_l = 1 - \frac{3.5^{3.5}}{\Gamma(3.5)} \sum_{n=0}^{S_l-1} \frac{S_l - n}{S_l n!} \frac{\Gamma(n+3.5)(K_l)^{3.5}}{(1+3.5K_l)^{n+3.5}}, \forall l \in \{1, \bar{\delta}, \delta\} \quad (3\text{-}16)$$

其中 $K_l = \frac{\lambda_{J(l)}}{\lambda_u \mathcal{A}_l}$。

证明： 用 N_1 表示位于随机选择宏基站服务区域 C_1 中的用户数量。假如 $N_1 < S_1$，则宏蜂窝区域 C_1 占用特定子信道的概率为 N_1/S_1。相反地，假如 $N_1 \geqslant S_1$，则 C_1 将分配所有可用子信道，给定子信道活跃概率为 1。θ_1 可计算为[94]：

$$\theta_1 = \sum_{n=0}^{S_1-1} \frac{n}{S_1} \mathbb{P}(N_1 = n) + \sum_{n=S_1}^{\infty} \mathbb{P}(N_1 = n) \quad (3\text{-}17)$$

$$= 1 - \sum_{n=0}^{S_1-1} \frac{S_1 - n}{S_1} \mathbb{P}(N_1 = n), \forall l \in \{1, \bar{\delta}, \delta\} \quad (3\text{-}18)$$

其中，用公式（3-11）代入概率质量函数 $\mathbb{P}(N_1 = n)$，可获得 θ_1。类似地，可获得 $\theta_{\bar{\delta}}$ 和 θ_δ，从而公式（3-16）的结果得证。

θ_1 可视为随机选择宏基站贡献网络干扰的概率，同理，$\theta_{\bar{\delta}}$ 和 θ_δ 可视为随机选择 Pico 基站 $C_{\bar{\delta}}$ 和 C_δ 区域分别贡献网络干扰的概率。因为不同基站 C_l 区域的用户数量 N_l 是相互独立的，因此干扰基站的集合 Ψ_j^l 可视为 Φ_j 以概率为 θ_l 的削弱版本。

3.2.3 回程约束

假定每个活跃基站总是有数据传输给连接用户，在理想回程链路的条件下，位于 C_l 区域的典型用户下行链路速率可计算为：

$$R_l = \frac{W_l}{N_l^0} \log_2(1+SINR_l), \forall l \in \{1, \bar{\delta}, \delta\} \quad (3\text{-}19)$$

其中，W_l 是典型用户所在区域 C_l 实际分配的频谱带宽，N_l^0 是 C_l 区域包含典型用户在内的用户数量。假定第 k 层每个基站连接容量为 O_k 回程链路。针对回程容量受限的 HetNets 场景，结合公式（3-19），文献[93]基于时域 Backhaul 受限速率模型修正为：

$$R_l^c = \mathbf{1}(u \in C_1) \frac{1}{\dfrac{N_1}{O_1} + \dfrac{1}{R_1}} + \mathbf{1}(u \in \{C_{\bar{\delta}}, C_\delta\}) \frac{1}{\dfrac{N_l}{O_{J(l)} T_l} + \dfrac{1}{R_l}} \quad (3\text{-}20)$$

其中，R_l 是理想回程链路条件下用户获得的速率，R_l^c 是在有限回程容量场景下对应的用户速率，$T_{\bar{\delta}} = 1 - \xi$ 且 $T_\delta = \xi$。

3.2.4 功耗模型

为了捕捉网络功率消耗，以便于量化网络能量效率性能指标，本书建立了可线性扩展的网络下行链路功率消耗模型[138]。第 k 层基站功率消耗为：

$$P_{s,k} = \underbrace{P_k^{sleep} + P_k^{bb}}_{\text{circuit \& signal processing power}} + \underbrace{\frac{1}{\eta_k} P_k^{rf}}_{\text{BS transmit power}} + \underbrace{P_k^{haul}}_{\text{backhaul power}} \quad (3\text{-}21)$$

其中，P_k^{sleep} 表示基站运行在休眠模式的基本电路功率消耗，P_k^{bb} 表示基带处理功率消耗，η_k 表示基站功率放大器效率，P_k^{rf} 表示射频功率（radio frequency，RF），P_k^{haul} 表示第 k^{th} 层 Backhaul 功率消耗。P_k^{sleep} 建模为一个固定常数，P_k^{bb} 和 P_k^{rf} 的计算与基站工作机制相关，在后续章节详细介绍。基于频域资源分配运行方案下，使用文献[151]功率消耗的统计方法，两层基站基带功率消耗可计算为：

$$P_1^{bb} = \omega_1 P^{bb'} \quad (3\text{-}22)$$

$$P_2^{rf} = [\omega_{\bar{\delta}} + \omega_\delta] P_2^m \quad (3\text{-}23)$$

其中，$\omega_l = W_l / W$，使用引理 3.4 相似的证明步骤，可以得到 $\omega_l = \theta_l$。$P_k^{bb'}$ 是基带功率消耗规范化因子。

射频功率消耗和分配带宽 W_l 成正比。第 k 层的射频功率消耗为：

$$P_1^{rf} = \omega_1 P_1^m \quad (3\text{-}24)$$

$$P_2^{rf} = [\omega_{\bar{\delta}} + \omega_{\delta}] P_2^m \quad (3\text{-}25)$$

Backhaul 功率消耗主要产生于数据传送以及基站之间的信令交互。在干扰协调异构网络模型中，相对于数据传输量，信令开销可以忽略不计。对于一定的 Backhaul 数据传输速率，其功率消耗可计算为：

$$P_k^{haul} = \frac{R_k^{haul}}{C_{ref}} P^{haul'} \quad (3\text{-}26)$$

R_k^{haul} 表示第 k 层基站数据传输速率，$P^{haul'}$ ($P^{haul'} = 50$ W) 是传输速率为 C_{ref} 的功率消耗值 ($C_{ref} = 100$ Mb/s[138])。

两层异构网络单位面积平均功率消耗可计算为：

$$P_s = \lambda_1 P_{s,1} + \lambda_2 P_{s,2} \quad (3\text{-}27)$$

3.3 性能分析

本节首先推导网络 SINR 覆盖的解析结果，随后对网络速率覆盖及能量效率性能进行理论推导。

3.3.1 SINR 性能

对于给定门限值 γ，典型用户（$u \in C_l$）的条件 SINR 覆盖定义为 $\mathbb{P}(SINR > \gamma \mid u \in C_l)$。因此，根据总概率公式可得网络总体 SINR 覆盖为：

$$\mathcal{P}(\gamma) = \sum_{l \in \{1,\bar{\delta},\delta\}} \mathcal{A}_l P_l(\gamma) \quad (3\text{-}28)$$

条件 SINR 覆盖的解析结果在如下引理中给出。

引理 3.5 典型用户的条件 SINR 覆盖解析结果如公式（3-29）~（3-30）所示，其中 $SNR_k(x) = P_k x^{-\alpha_k}/\sigma^2$，$p = \dfrac{P_2}{P_1}$，且 $\Xi(a,b,c,\alpha_j) = a^{2/\alpha_j} + bc^{2/\alpha_j} \int_{\left(\frac{a}{c}\right)^{2/\alpha_j}}^{\infty} \dfrac{1}{1+u^{\alpha_j/2}} du$。

$$\mathcal{P}_1(\gamma) = \frac{2\pi \lambda_1^s}{\mathcal{A}_m} \int_0^{\infty} x \exp\left\{ -\frac{\gamma}{SNR_1} - \pi \lambda_1^s \Xi(1,\theta_1,\gamma,\alpha_1) x^2 - \pi \lambda_2^s p^{\frac{2}{\alpha_2}} \Xi(\delta,\theta_{\bar{\delta}},\gamma,\alpha_2) x^{\frac{2\alpha_1}{\alpha_2}} \right\} dx$$

$$(3\text{-}29)$$

第 3 章 回程受限异构网络中小区范围扩张及子信道分配性能分析

$$\mathcal{P}_{\bar{\delta}}(\gamma) = \frac{2\pi\lambda_2^s}{A_{\bar{\delta}}} \int_0^\infty x \exp\left(-\frac{\gamma}{SNR_2(x)} - \pi\lambda_2^s \Xi(1,\theta_{\bar{\delta}},\gamma,\alpha_2)x^2 - \frac{\pi\lambda_1^s}{p^{\frac{2}{\alpha_1}}}\Xi(1,\theta_1,\gamma,\alpha_1)x^{\frac{2\alpha_2}{\alpha_1}}\right) \mathrm{d}x$$

(3-30)

$$\mathcal{P}_{\delta}(\gamma) = \frac{2\pi\lambda_2^s}{A_{\delta}} \int_0^\infty x \exp\left(-\frac{\gamma}{SNR_2(x)} - \pi\lambda_2^s \Xi(1,\theta_{\delta},\gamma,\alpha_2)x^2 - \pi\lambda_1^s \left(\frac{1}{p\delta}\right)^{\frac{2}{\alpha_1}} x^{\frac{2\alpha_2}{\alpha_1}}\right)$$

$$\left\{1 - \exp\left(-\pi\lambda_1^s \left(\frac{1}{p}\right)^{\frac{2}{\alpha_1}} \left(1 - \left(\frac{1}{\delta}\right)^{\frac{2}{\alpha_1}}\right) x^{\frac{2\alpha_2}{\alpha_1}}\right)\right\} \mathrm{d}x$$

(3-31)

证明：典型用户 u ($u \in C_l$) 与服务基站间的距离分布是推导用户 SINR 覆盖解析式的前提。典型用户与服务基站之间的距离分布详细推导过程参考第 2 章相关内容，其 PDF 解析结果见公式（2-8）~（2-10）。

典型用户的条件 SINR 分布为：

$$P_l(\gamma) = \int_0^\infty \mathbb{P}(SINR > \gamma \mid u \in C_l) f_l(x) \mathrm{d}x$$

(3-32)

使用 SINR 覆盖定义公式（3-14），宏蜂窝用户 SINR 覆盖可计算为：

$$\mathbb{P}(SINR \geq \gamma \mid u \in C_1) = \mathbb{P}\left(\frac{P_1 H_x \tilde{x}^{-\alpha_1}}{\sum_{j=1}^{2} I_{x,j}^i + \varrho^2} > \gamma\right)$$

$$= \mathbb{P}\left(H_x > \tilde{x}^{\alpha_1}(P_1)^{-1}\gamma\left\{\sum_{j=1}^{2} I_{x,j}^1 + \varrho^2\right\}\right)$$

$$= \mathbb{E}\left[\exp\left(-\tilde{x}^{\alpha_1}(P_1)^{-1}\gamma\left\{\sum_{j=1}^{2} I_{x,j}^1 + \varrho^2\right\}\right)\right]$$

$$= \exp\left(-\frac{\gamma}{SNR_1(x)}\right)\prod_{j=1}^{2} L_{I_{x,j}^1}\left(\tilde{x}^{\alpha_1}(P_1)^{-1}\gamma\right)$$

(3-33)

其中，拉普拉斯变换可进一步计算为：

$$
\begin{aligned}
L_{I_{x,j}^1}(s) &= \mathbb{E}_{I_j^1}\left[e^{-sI_{x,j}^1}\right] \\
&\stackrel{(a)}{=} \mathbb{E}_{\Psi_j^1}\left[\exp\left(-s\sum_{z\in\Psi_j^1\backslash B_0} P_j H_y \left\|\tilde{Y}_z\right\|^{-\alpha_j}\right)\right] \\
&\stackrel{(b)}{=} \exp\left(-2\pi\lambda_j^s\theta_j^1 \int_{D_j}^{\infty}\left(1-L_{H_y}(sP_j y^{-\alpha_j})\right)y\,dy\right) \\
&\stackrel{(c)}{=} \exp\left(-\pi\lambda_j^s\theta_j^1 (\frac{P_j\gamma}{P_l})^{\frac{2}{\alpha_j}} x^{\frac{2\alpha_1}{\alpha_j}} \int_{(\frac{\delta_j}{\gamma})^{\frac{2}{\alpha_j}}}^{\infty} \frac{1}{1+u^{\frac{\alpha_j}{2}}}du\right)
\end{aligned}
\quad (3-34)
$$

其中，步骤（a）通过代入公式（3-15）即可获得，步骤（b）可根据 PPP 的概率生成函数（Probability Generating Functional，PGFL）[73]获得，即概率生成公式 $\mathbb{E}\left[\prod_{x\in\Phi} f(x)\right] = \exp\left(-\lambda\int_{R^2}(1-f(x))dr\right)$，步骤（c）通过使用变量代换 $u = (sP_j)^{-2/\alpha_j} y^2$ 获得结果，θ_1 是宏蜂窝层干扰基站的活跃概率。在最后等式（3-34）中含有积分运算，可使用如下超级函数解决[152]。

$$\int_g^{\infty} \frac{du}{1+u^{\frac{\alpha}{2}}} = \frac{2}{(\alpha-2)} \frac{g}{(1+g^{\frac{\alpha}{2}})_2} F_1\left(1,1,2-\frac{2}{\alpha},\frac{1}{1+g^{\frac{\alpha}{2}}}\right)$$

将公式（3-34）代入到公式（3-33），并结合概率密度函数公式（2-8）可获得公式（3-29）。公式（3-30）和公式（3-31）可通过同样的推导步骤获得。

3.3.2 速率覆盖

1. 非理想 Backhaul 场景

使用 ρ 表示速率门限，位于 C_l 区域的典型用户基于非理想 Backhaul 场景的条件速率覆盖定义为：

$$\mathcal{R}_l^c(\rho) \triangleq \mathbb{P}(\mathrm{R}_l^c > \rho \mid u \in C_l) \quad (3-35)$$

根据总概率公式，网络总速率覆盖可计算为：

$$\mathcal{R}^c(\rho) = \sum_{l\in\{1,\bar{\delta},\delta\}} \mathcal{A}_l \mathcal{R}_l^c(\rho) \quad (3-36)$$

基于非理想 Backhaul 链路的异构网络场景，条件速率覆盖解析表达式在如下引理中给出。

引理 3.6 在非理想 Backhaul 链路的异构网络中,典型用户 $u \in C_l$ 条件速率覆盖解析式为:

$$\mathcal{R}_1^c(\rho) = \sum_{n=1}^{S_1-1} \psi_1(n)\mathcal{P}_1\left(t\left(\frac{\hat{\rho}S/n}{1/n-\rho/O_1}\right)\right) + \sum_{n=S_1}^{\lceil O_1/\rho\rceil-1} \psi_1(n)\mathcal{P}_1\left(t\left(\frac{\hat{\rho}/T_1}{1/n-\rho/O_1}\right)\right)$$
(3-37)

$$\mathcal{R}_{\bar{\delta}}^c(\rho) = \sum_{n=1}^{S_{\bar{\delta}}-1} \psi_{\bar{\delta}}(n)\mathcal{P}_{\bar{\delta}}\left(t\left(\frac{\hat{\rho}S/n}{1/n-\rho/O_2 T_{\bar{\delta}}}\right)\right) + \sum_{n=S_{\bar{\delta}}}^{\lceil O_2 T_{\bar{\delta}}/\rho\rceil-1} \psi_{\bar{\delta}}(n)\mathcal{P}_{\bar{\delta}}\left(t\left(\frac{\hat{\rho}}{T_{\bar{\delta}}/n-\rho/O_2}\right)\right)$$
(3-38)

$$\mathcal{R}_{\delta}^c(\rho) = \sum_{n=1}^{S_{\delta}-1} \psi_{\delta}(n)\mathcal{P}_{\delta}\left(t\left(\frac{\hat{\rho}S/n}{1/n-\rho/O_2 T_{\delta}}\right)\right) + \sum_{n=S_{\delta}}^{\lceil O_2 T_{\delta}/\rho\rceil-1} \psi_{\delta}(n)\mathcal{P}_{\delta}\left(t\left(\frac{\hat{\rho}}{T_{\delta}/n-\rho/O_2}\right)\right)$$
(3-39)

其中,$\psi_l(n) \triangleq \mathbb{P}(N_l^0 = n)$ 是蜂窝区域 C_l 包含典型用户的用户数量 PMF,$t(x) = 2^x - 1$,并且 $\hat{\rho} = \rho/W$。

证明: 首先考虑 $u \in C_{\delta}$ 情况,组合公式(3-19)和(3-20)并代入到公式(3-35),可以得到

$$\mathcal{R}_{\delta}^c(\rho) = \mathbb{P}\left(\frac{1/N_{\delta}^0}{1/W_{\delta}\log_2(1+SINR)+1/(O_{J(\delta)}T_{\delta})} > \rho \mid u \in C_{\delta}\right)$$

$$= \mathbb{P}\left(\log_2(1+SINR) > \frac{\rho/W_{\delta}}{1/N_{\delta}^0 + \rho/(O_{J(\delta)}T_{\delta})}\right)$$

$$= \mathbb{P}\left(SINR > t\left(\frac{\rho/W_{\delta}}{1/N_{\delta}^0 + \rho/(O_{J(\delta)}T_{\delta})}\right)\right)$$

$$\stackrel{(a)}{=} \mathbb{E}_{N_{\delta}^0}\left[\mathcal{P}_{\delta}\left(t\left(\frac{\rho/W_{\delta}}{1/N_{\delta}^0 + \rho/(O_{J(\delta)}T_{\delta})}\right)\right)\right]$$

$$\stackrel{(b)}{=} \sum_{n=1}^{S_{\delta}-1} \psi_{\delta}(n)\mathcal{P}_{\delta}(t(y_{\delta})) + \sum_{n=S_{\delta}}^{\lceil O_{J(\delta)}/\rho\rceil-1} \psi_{\delta}(n)\mathcal{P}_{\delta}(t(y'_{\delta}))$$
(3-40)

其中,步骤 (a) 将 $\dfrac{\rho/W_{\delta}}{1/N_{\delta}^0 + \rho/O_{J(\delta)}T_{\delta}}$ 作为门限值代入 SINR 覆盖定义式得到,且 $t(x) = 2^x - 1$,步骤 (b) 根据 3.2.2 节介绍的资源分配机制,可得

$W_\delta = \mathbf{1}(N_\delta^0 < S_\delta)WN_\delta^0/S + \mathbf{1}(N_\delta^0 \geq S_\delta)WT_\delta$，其中，$T_\delta = \xi$，$\psi_\delta(n) = \mathbb{P}(N_\delta^0 = n)$。在回程约束模型（3-20）基础上，典型用户具有非零速率覆盖，即 $\mathbb{P}(R > \rho) > 0$，一个必要条件是 $N_\delta \leq \left\lceil \dfrac{O_{J(\delta)}T_\delta}{\rho} \right\rceil - 1$。因此，当 $n < S_\delta$ 时，$y_\delta = \dfrac{\hat{\rho}S/n}{1/n + \rho/(O_{J(\delta)}T_\delta)}$，反之，当 $n \geq S_\delta$ 时，$y_\delta' = \dfrac{\hat{\rho}}{T_\delta/n + \rho/O_{J(\delta)}}$，并且 $\hat{\rho} = \rho/W$。条件速率覆盖 $\mathcal{R}_1^c(\rho)$ 和 $\mathcal{R}_{\bar{\delta}}^c(\rho)$ 的解析式可通过同样的方法获得。

2. 理想 Backhaul 场景

基于理想 Backhaul 场景，位于 C_l 区域典型用户的条件速率覆盖定义为：

$$\mathcal{R}_l(\rho) \triangleq \mathbb{P}(R_l > \rho \mid u \in C_l) \tag{3-41}$$

根据总概率公式，网络总速率覆盖可计算为：

$$\mathcal{R}(\rho) = \sum_{l \in \{1, \bar{\delta}, \delta\}} \mathcal{A}_l R_l(\rho) \tag{3-42}$$

基于理想 Backhaul 场景，$\mathcal{R}_l(\rho)$ 的解析表达式见如下引理。

$$\mathcal{R}_1(\rho) = \frac{2\pi\lambda_1^s}{\mathcal{A}_m} \sum_{n \geq 1} \psi_l(n) \int_0^\infty x \exp\left\{-\pi\lambda_1^s \Xi(1, \theta_1, t(x_1), \alpha_1)x^2 - \pi\lambda_2^s p^{\frac{2}{\alpha_2}} \Xi(\delta, \theta_{\bar{\delta}}, t(x_1), \alpha_2) x^{\frac{2\alpha_1}{\alpha_2}}\right\} dx$$

$$\tag{3-43}$$

$$\mathcal{R}_{\bar{\delta}}(\rho) = \frac{2\pi\lambda_2^s}{\mathcal{A}_{\bar{\delta}}} \sum_{n \geq 1} \psi_l(n) \int_0^\infty x \exp\left(-\pi\lambda_2^s \Xi(1, \theta_{\bar{\delta}}, t(x_{\bar{\delta}}), \alpha_2)x^2 - \frac{\pi\lambda_1^s}{p^{\frac{2}{\alpha_1}}} \Xi(1, \theta_1, t(x_{\bar{\delta}}), \alpha_1) x^{\frac{2\alpha_2}{\alpha_1}}\right) dx$$

$$\tag{3-44}$$

$$\mathcal{R}_\delta(\rho) = \frac{2\pi\lambda_2^s}{\mathcal{A}_\delta} \sum_{n \geq 1} \psi_l(n) \int_0^\infty x \exp\left(-\pi\lambda_2^s \Xi(1, \theta_\delta, t(x_\delta), \alpha_2)x^2 - \pi\lambda_1^s \left(\frac{1}{p\delta}\right)^{\frac{2}{\alpha_1}} x^{\frac{2\alpha_2}{\alpha_1}}\right)$$

$$\left\{1 - \exp\left(-\pi\lambda_1^s \left(\frac{1}{p}\right)^{\frac{2}{\alpha_1}} \left(1 - \left(\frac{1}{\delta}\right)^{\frac{2}{\alpha_1}}\right) x^{\frac{2\alpha_2}{\alpha_1}}\right)\right\} dx \tag{3-45}$$

引理 3.7 在干扰受限且 Backhaul 理想的异构网络中，典型用户 $u \in C_l$ 条件速率覆盖解析式如公式（3-42）~（3-44）所示。其中，$t(x_l) = 2^{x_l} - 1$，当 $n < S_l$ 时，$x_l = \hat{\rho}S$，反之，当 $n \geq S_l$ 时，$x_l' = \hat{\rho}n/T_l$ 且 $\hat{\rho} = \rho/W$。

证明：将公式（3-19）代入公式（3-45）可得

$$\begin{aligned}
\mathcal{R}_l(\rho) &= \mathbb{P}\left(\frac{W_l}{N_l^0}\log_2(1+SINR) > \rho \mid u \in C_l\right) \\
&= \mathbb{P}\left(\log_2(1+SINR) > \rho N_l^0/W_l\right) \\
&= \mathbb{P}\left(SINR > t(\rho N_l^0/W_l)\right) \\
&= \mathbb{E}_{N_l^0}\left[\mathcal{P}_l\left(t(\rho N_l^0/W_l)\right)\right] \\
&\stackrel{(d)}{=} \sum_{n=1}^{S_l-1}\psi_l(n)\mathcal{P}_l(t(x_l)) + \sum_{n=S_l}^{\infty}\psi_l(n)\mathcal{P}_l(t(x_l'))
\end{aligned} \quad (3\text{-}46)$$

其中，根据频谱资源分配方式可得 $W_l = \mathbf{1}(N_l^0 < S_l)WN_l^0/S + \mathbf{1}(N_l^0 \geq S_l)WT_l$，因此，在步骤（d）中，$x_l = \hat{\rho}S$ 且 $x_l' = \hat{\rho}n/T_l$。

由于 $\psi_l(n)$ 及 $\mathcal{P}_l(t(x_l))$ 的计算复杂度均随着 n 的增大而快速增加，导致明显的计算延时。实验证明本方案 $N_{max} = 3\lambda_u$ 足以获得精确的结果。

3.3.3 能量效率

为了获得能量有效的低功率基站最优部署密度，本节进一步分析基于小区范围扩张及子信道分配方案的异构网络能量效率性能，并研究低功率基站最优部署密度。本节首先获得可达吞吐量，然后计算网络面积能量消耗，并推导能量效率解析表达式。

定义 3.1（可达吞吐量）：在满足网络用户最低 QoS（SINR 性能）的基础上，网络成功传输的数据总量定义为网络可达吞吐量（$\mathcal{T}_a$），用公式表示为：

$$\mathcal{T}_a \triangleq \sum_{l \in \{1,\bar{\delta},\delta\}} \mathcal{A}_l \lambda_u \mathcal{P}_l(\gamma) \mathbb{E}\left[\frac{W_l}{N_l^0}\log_2(1+SINR)\right], \forall l \in \{1,\bar{\delta},\delta\} \quad (3\text{-}47)$$

定义 $D_l = \mathbb{E}\left[\dfrac{W_l}{N_l^0}\log_2(1+SINR)\right]$，$D_l$ 即为用户平均速率。由于系统采用轮回调度方案，用户选择及子信道分配均匀且独立。因此，D_l 进一步化简为：

$$D_l = \mathbb{E}\left[\frac{W_l}{N_l^0}\right]\mathbb{E}[\log_2(1+SINR)] \quad (3\text{-}48)$$

当包含典型用户 u ($u \in C_l$) 在内的用户数量 $N_l^0 < S_l$ 时，用户可获得的带宽为 $W_u^l = \dfrac{W}{S}$。相反地，当用户数量 $N_l^0 \geq S_l$ 时，用户在时间上均等共享频谱资源。假定每个用户占用单个子信道的时间系数为 t_l，因此分配带宽可表示为 $W_u^l = \mathbb{E}\left[\dfrac{W}{S}t_l\right] = \dfrac{W}{S}\mathbb{E}[t_l]$。显然当 $N_l^0 < S_l$ 时，$t_l = 1$；当 $N_l^0 \geq S_l$ 时，$t_l = S_l / N_l^0$。t_l 的均值可由如下引理获得。

引理 3.8 典型用户 u ($u \in C_l$) 占用单个子信道的平均时间系数为：

$$\mathbb{E}[t_l] = S_l K_l \left(1 - \left(1 + \dfrac{1}{3.5 K_l}\right)^{-3.5}\right) - \dfrac{3.5^{3.5}}{\Gamma(3.5)} \sum_{n=1}^{S_l} \dfrac{\Gamma(n+3.5)(S_l - n)(K_l)^{4.5}}{n!(1 + 3.5 K_l)^{n+3.5}}, \forall l \in \{1, \overline{\delta}, \delta\}$$

（3-49）

证明： 当 $N_l^0 < S_l$ 时，$t_l = 1$；当 $N_l^0 \geq S_l$ 时，$t_l = S_l / N_l^0$。因此，

$$\mathbb{E}[t_l] = \sum_{n=1}^{S_l} \mathbb{P}(N_l^0 = n) + \sum_{n=S_l+1}^{\infty} \dfrac{S_l}{n} \mathbb{P}(N_l^0 = n)$$
$$= \sum_{n=1}^{\infty} \dfrac{S_l}{n} \mathbb{P}(N_l^0 = n) - \sum_{n=1}^{S_l} \left(\dfrac{S_l}{n} - 1\right) \mathbb{P}(N_l^0 = n)$$

（3-50）

由公式（3-9）和公式（3-12）可以获得

$$\mathbb{P}(N_l^0 = n)/n = \lambda_{J(l)}/(\mathcal{A}_l \lambda_u) \mathbb{P}(N_l = n)$$

（3-51）

由于 $\sum_{n=0}^{\infty} \mathbb{P}(N_l = n) = 1$，组合公式（3-9）和公式（3-12）即可获得典型用户占用子信道平均时间系数公式（3-49）。

定义 3.2（能量效率）：能量效率反映网络单位功率消耗的数据传输效率，定义为网络成功传送数据吞吐量与功率消耗之比[153]，单位为 bps/W（位/秒/瓦）或 bits/Joule（位/焦耳），用公式表示为：

$$\eta_{ee} = \dfrac{\sum_{l \in \{1, \overline{\delta}, \delta\}} \mathcal{A}_l \lambda_u \mathcal{P}_l(\gamma) \dfrac{W \mathbb{E}[t_l]}{S} \log_2(1+\gamma)}{\lambda_1 P_{s,1} + \lambda_2 P_{s,2}}$$

（3-52）

其中，$\log_2(1+\gamma)$ 为单位带宽用户可达信道容量，$P_{s,k}$ 为第 k 层基站功率消耗，详情参考 3.2.4 节内容。

3.4 数值结果与讨论

本节首先通过蒙特卡洛仿真验证解析结果。其次，分析网络 $SINR$ 覆盖和速率覆盖，研究最优用户连接偏置和频域资源分配系数。此外，调查能量效率最优的低功率基站部署密度。参数标注和设置如表 3.1 所示。

表 3.1　参数标注和设置

参数	描　述	参数值
W	系统总带宽	10 MHz
λ_1	Macro 基站部署密度	1 BS/km^2
λ_u	用户分布密度	$100\lambda_1$
P_1^{max}	Macro 基站最大发射功率	46 dBm
P_2^{max}	Pico 基站最大发射功率	30 dBm
P_1^{sleep}	Macro 基站休眠模式下功率消耗	75W
P_2^{sleep}	Pico 基站休眠模式下功率消耗	4.3W
$P_1^{bb'}$	Macro 基站基带规范化功率消耗	29.6W
$P_2^{bb'}$	Pico 基站基带规范化功率消耗	3.0W
ρ_1	Macro 基站功率放大器效率	0.35
ρ_2	Pico 基站功率放大器效率	0.25

3.4.1 仿真验证

异构网络仿真面积为 10×10 km^2，基于 OFDMA 技术且由 Macro 和 Pico 基站构成干扰受限（$\varrho^2=0$）两层网络场景。除非特别申明，网络相关参数设置为 $W=10$ MHz，$S=10$，$\lambda_1=1$ BS/km^2，$\lambda_2=5\lambda_1$，$\lambda_u=100\lambda_1$，$\{P_1^m, P_2^m\}=\{46,30\}$ dBm，$\{\alpha_1,\alpha_2\}=\{3.5,4\}$。每层网络阴影衰落假定为对数正态分布，均值和标准方差分别设置为 $\{\varepsilon_1,\varepsilon_2\}=\{0,0\}$ dB 和 $\{\sigma_1,\sigma_2\}=\{3.5,4.6\}$ dB。其他功率相关参数设置如表 3.1 所示。

首先验证网络总体 $SINR$ 解析表达式(3-31)的正确性。图 3.2 在 $\delta=10$ dB，且 $\xi=0.4$ 条件下，验证了 $SINR$ 覆盖解析式的紧致性。从图中可观察到，针对两层异构网络场景，解析结果和仿真结果匹配较好。

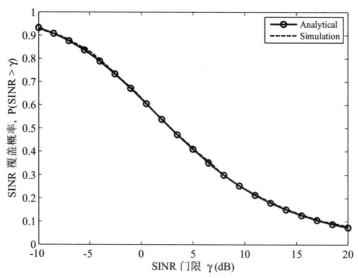

图 3.2 联合 CRE 及子信道分配异构网络 SINR 覆盖解析验证

图 3.3 分别基于理想和非理想回程链路场景,验证了网络速率覆盖解析表达式(3-36)和(3-45)的正确性。解析结果和仿真结果之间的较小差异源自蜂窝面积的近似运算。此外,注意到有限回程容量明显恶化了网络速率覆盖性能,而且回程容量越低,速率覆盖性能越差。

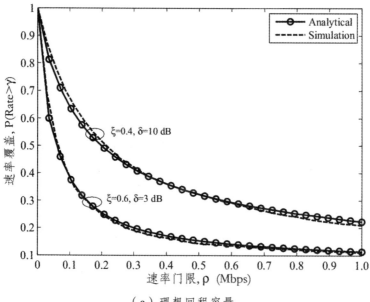

(a)理想回程容量

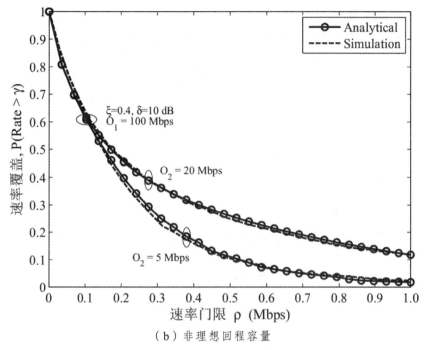

（b）非理想回程容量

图 3.3 异构网络速率覆盖解析结果验证

3.4.2 性能评估

在传统满负载假设的异构网络 SINR 覆盖解析模型中，网络 SINR 覆盖性能与用户分布密度无关。实际上，异构网络总体 SINR 覆盖性能不仅与用户连接偏置 δ 密切相关，而且与网络负载及资源分配系数相关。图 3.4 分别基于传统满负载假设以及 OFDMA 异构网络环境，分析了用户连接偏置 δ 对异构网络 SINR 覆盖的影响。

注意到在满负载的异构网络中，小蜂窝未偏置区域的覆盖性能不会随着用户连接偏置的增大而改变，如图 3.4（a）所示。事实上，随着连接偏置的增加，小蜂窝卸载能力增强，由于宏蜂窝负载数量减少，从而基站贡献的干扰减弱。因此，从图 3.4（b）可见，未偏置区域用户的 SINR 覆盖性能应随着连接偏置的增加而改善。此外，从图中可以观察到网络用户数量越少，网络蜂窝基站干扰越弱，从而总体覆盖性能越好。由于资源分配系数 ξ 越小，宏蜂窝获得的子信道数量越多，宏用户及未偏置用户覆盖性能得到改善，而扩张区域用户性能恶化。宏蜂窝用户的覆盖性能随着连接偏置的增加而改善，这是因为随着连接偏置的增加，宏蜂窝边缘区域覆盖性能较差用户卸载至小蜂窝的数量越多，从而宏蜂窝用户性能不断改善。反之，由于连接偏置越大，吸收宏蜂窝边缘区域用户越多，承受宏基站干扰越强，同时来自相邻小蜂窝扩张区域干扰越大，因此扩张区域覆盖性能随着偏置的增加而下降。

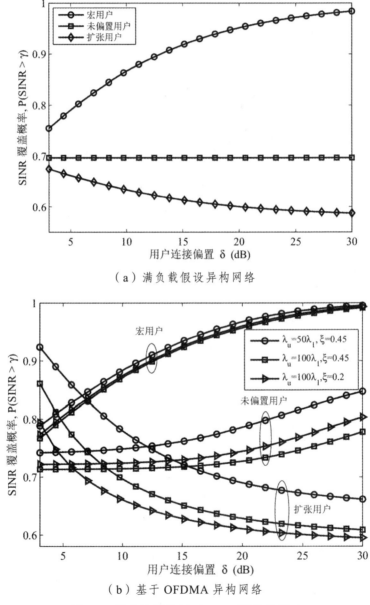

(a) 满负载假设异构网络

(b) 基于 OFDMA 异构网络

图 3.4 用户连接偏置对 SINR 覆盖的影响

下文针对有限回程容量场景,进一步分析用户连接偏置 δ 及资源分配系数 ξ 对网络速率覆盖的影响,并调研最优资源分配对 (β,ξ),如图3.5(a)所示。宏基站和微微基站回程容量分别配置为 $O_1=100\,\text{Mbps}$ 和 $O_2=10\,\text{Mbps}$。从图中可看出,有限回程容量恶化了网络速率覆盖性能。由于低功率基站的回程容量较小,相比于理想回程链路,非理想回程链路的最优用户连接偏置较低。此外,随着用户连接偏置的增加,速率覆盖性能呈现先增加后下降的趋势。起初的增加是因为卸载增益导致,扩张用户可获得更多无线资源从而改善速率性能。当卸载偏置达到一定值之后的下降是由于过多的用户卸载使得小蜂窝传输阻塞。在不同的用户连接偏置条件下资源分配系数对速率覆盖的影响如图3.5(b)所示。从图中可以清晰地观察到,用户连接偏置越大,则最优的资源分配系数越大。这是因为较大的连接偏置卸载较多的用户,从而需要较多的资源分配给扩张区域用户。

此外,从图3.5(a)和图3.5(b)中可知,如果仔细选择用户连接偏置 δ 和资源分配系数 ξ,网络速率覆盖性能可最大化。通过两层迭代搜索方法,可以获得最优的功率偏置和资源分配系数为 $\delta=26\,\text{dB}$,$\xi=0.7$。相比于现有基于满负载网络假设获得的最优资源分配方案,配置最优方案的速率覆盖性能提高了12%。

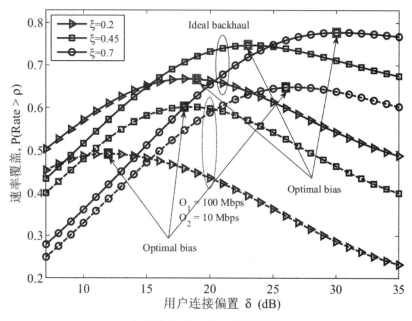

(a)连接偏置对速率覆盖的影响

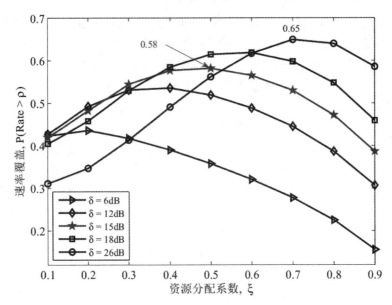

（b）资源分配系数对速率覆盖的影响

图3.5 连接偏置和资源分配系数对速率覆盖的影响

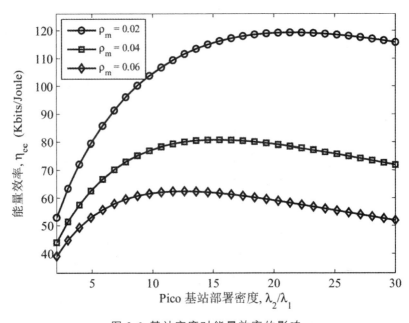

图3.6 基站密度对能量效率的影响

配置用户连接偏置 $\delta = 10\,\text{dB}$，资源分配系数 $\xi = 0.4$，并给定用户分布密

度为 $\lambda_u = 100$ 个用户/km², 进一步调查 Pico 基站部署密度对能量效率的影响。在不同宏基站部署密度（$\rho_m = \lambda_1 / \lambda_u$）情况下，Pico 基站部署密度对网络能量效率的影响如图 3.6 所示。从图中可看出，随着低功率基站的部署密度增加，网络能量效率先增加后下降。起初的增加是因为频谱资源的空间复用率增加从而改善网络可达吞吐量，随后的下降是由于低功率基站的密集部署导致网络功率消耗大幅增加。此外，从图中可以观察到，宏基站部署密度越低，通过部署更多低功率基站可达到更高的网络能量效率，这是由于低功率基站可消耗更少能量完成更多数据的传输。

3.5 本章小结

本章针对回程容量受限异构网络下行链路场景，在考虑蜂窝负载分布及通用信道模型基础上，建立联合小区范围扩张与子信道分配方案理论框架，并推导了基站干扰为蜂窝负载及子信道数量的直接函数。利用随机几何理论推导了网络 SINR 覆盖、速率覆盖及能量效率性能解析表达式，通过蒙特卡洛仿真验证了解析结果的准确性。基于解析结果，分析了用户连接偏置及资源分配系数对网络速率覆盖性能的影响，获得了最优用户连接偏置和资源分配系数。进一步分析了基站部署密度对能量效率性能的影响，并获得最优的部署密度。数值结果表明，相比于现有的研究结果，异构网络速率覆盖性能增益可达 12%。

第 4 章　FeICIC 异构网络资源分配联合优化

4.1　引　言

在联合小区范围扩张与子信道分配方案中，宏蜂窝未能充分利用系统资源，导致频谱利用率较低。为进一步提升宏蜂窝层频谱效率，3GPP 提出了缩减功率子帧方案，即 FeICIC 方案[154]。近年来，利用解析的方法研究 FeICIC 异构网络性能已经开展。现有的理论模型均假定了满负载网络，即网络中每个基站总是处于活跃且满负载状态。然而，因为小蜂窝较小覆盖面积自然连接较少用户，满负载假设不适用于小蜂窝网络。尤其是在非峰值传输时期，网络大部分基站均处于轻负载状态[121]。并且 CRE 用来减轻阻塞的宏蜂窝负担，从而更充分地利用小蜂窝资源，如果小蜂窝假定为满负载，则小蜂窝范围扩张将失去意义，无法捕捉卸载增益。其次，基站产生的干扰也与传输负载直接相关。在 OFDMA 蜂窝系统中，若基站服务用户数量越大，则蜂窝中某个特定资源块被分配的概率越高，从而基站产生的网络干扰越多。满负载假设的网络模型无法捕捉这种影响。

在 FeICIC 异构网络中，用户连接偏置、功率控制因子和子信道分配等参数互相耦合，直接影响异构网络性能。如何合理建立 FeICIC 异构网络理论分析模型，并提出能量效率最优的资源分配联合方案等问题亟待解决。此外，由于能量效率（Energy Efficiency，EE）性能的提升将导致频谱效率（Spectral Efficiency，SE）性能的下降[155-157]，开展 SE 和 EE 折中优化的资源分配研究很有必要。近来关于频谱和能量效率的折中优化研究吸引了学者们的广泛关注，例如文献[124，155，158]等。然而这些工作均假定了单个宏蜂窝场景，忽略了周围宏蜂窝的干扰。虽然文献[159]针对多蜂窝场景展开了频谱和能量效率折中资源分配研究，但没有考虑干扰协调技术。

本章基于 OFDMA 异构网络场景，建立了联合 FeICIC 和 CRE 的理论分析模型。其中，假定每层基站和用户位置分别建模为独立的 PPP。利用随机几何理论推导网络 SINR 覆盖、速率覆盖及能量效率性能的解析表达式，并通过蒙特卡洛仿真验证解析结果的紧致性。基于解析结果，分析用户连接偏置、功率控制因子及资源分配系数对网络速率覆盖性能的影响，并研究速率覆盖性能最优的系统参数配置。此外，基于网络传输需求，推导频谱及能量效率解析式，并针对能量和频谱效率多目标优化问题，提出低复杂度资源分配优化算法，获得资源分配联合最优方案。

本章组织结构如下：4.2 节介绍基于 OFDMA 异构网络的系统模型，包括用户连接、FeICIC 运行方案及子信道分配方案。4.3 节推导网络 SINR 覆盖、速率覆盖及能量效率性能的解析表达式。4.4 节基于网络传输需求，推导频谱和能量效率性能的解析表达式，并针对频谱及能量效率多目标优化问题，提出资源分配联合优化算法。4.5 节通过蒙特卡洛仿真验证解析结果的准确性。基于解析结果分析各参数对网络性能的影响，并研究频谱和能量效率折中的资源分配联合最优方案。4.6 节总结本章内容。

4.2 系统模型

假定两层异构网络由 Marco 和 Pico 基站构成，并且网络基于 OFDMA 环境。不失通用性，假定 Macro 层为第一层，Pico 层为第二层，第 k ($k=1,2$) 层基站位置建模强度为 λ_k 的独立 PPP 分布 Φ_k，用户随机散落且服从强度为 λ_u 的 PPP 分布 Φ_u。为了便于进行数学处理，假定网络传输需求均匀，即每个用户具有相同的传输需求 υ kbps。将系统总带宽 W 均匀划分成 S 个子信道。在整个带宽 W 上基站传送功率谱密度均匀。第 k 层基站的最大传送功率为 P_k^m。宏基站执行功率控制，功率控制因子为 β ($0<\beta<1$)。在 FeICIC 运行方案下，宏基站在每个子信道上分别以传送功率为 $\beta P_1^m/S$ 和 P_1^m/S 对内部区域和边缘区域用户服务。Pico 基站在每个子信道上的传送功率为 P_2^m/S。根据 PPP 模型的属性，针对位于原点的典型用户进行网络性能分析，不失通用性。典型用户接收来自第 k 层且距离原点 x 处基站的信号功率为：

$$P(x) = P_k H_{kx} \mathcal{X}_{kx} \|\mathbf{x}\|^{-\alpha_k} \quad (4\text{-}1)$$

其中，$H_x \sim \exp(1)$ 是瑞利衰落，α_k 是第 k 层路径损耗指数，$\mathcal{X}_{kx}$ 为阴影衰落，假定 $\mathcal{X}_{kx}$ 为 i.i.d.。为使得描述更加清晰，使用 $\mathcal{X}_k$ 表示第 k 层阴影衰落。当满足条件 $\mathbb{E}[\mathcal{X}_k^{2/\alpha_k}] < \infty$ 时，$\mathcal{X}_k$ 可假定为任意分布。通常将阴影衰落假定为对数正态分布，即 $\mathcal{X}_k = 10^{X_k/10}$，$X_k \sim \mathcal{N}(\varepsilon_k, \sigma_k^2)$，其中 ε_k 和 σ_k^2 分别为阴影衰落均值和方差。利用高斯分布矩生成函数（Moment Generating Function，MGF），可获得分布矩的解析式。其中，$\mathbb{E}[\mathcal{X}_k^{2/\alpha_k}]$ 解析式见公式（2-7）。

4.2.1 用户连接

用户连接采用最大长期平均偏置接收功率策略,由于瑞利衰落在较小的时间尺度内快速变化,假定瑞利衰落不影响用户连接。使用 R_k 表示典型用户与第 k 层最近基站之间的距离, δ ($\delta>1$) 表示小蜂窝连接偏置。典型用户接收服务基站的平均功率为 $P(\tilde{R}_k) = P_k \tilde{R}_k^{-\alpha_k}$,其中, $\tilde{R}_k = \mathcal{X}_k^{-1/\alpha_k} R_k$。假如 $P_1 \tilde{R}_1^{-\alpha_1} > \delta P_2 \tilde{R}_2^{-\alpha_2}$,则典型用户连接到提供信号最强的 Macro 基站(位于 C_i 区域),否则连接到提供信号最强的 Pico 基站。典型用户 u 可能位于以下四个不相邻区域:

$$u \in \begin{cases} C_i, & \tau P_1 \tilde{R}_1^{-\alpha_1} > \delta P_2 \tilde{R}_2^{-\alpha_2} \\ C_e, & P_1 \tilde{R}_1^{-\alpha_1} > \delta P_2 \tilde{R}_2^{-\alpha_2} \geqslant \tau P_1 \tilde{R}_1^{-\alpha_1} \\ C_{\bar{\delta}}, & P_2 \tilde{R}_2^{-\alpha_2} > P_1 \tilde{R}_1^{-\alpha_1} \\ C_\delta, & \delta P_2 \tilde{R}_2^{-\alpha_2} \geqslant P_1 \tilde{R}_1^{-\alpha_1} \geqslant P_2 \tilde{R}_2^{-\alpha_2} \end{cases} \quad (4\text{-}2)$$

其中,$\{C_i, C_e, C_{\bar{\delta}}, C_\delta\}$ 分别表示宏蜂窝内部区域、宏蜂窝边缘区域、小蜂窝未偏置区域及小蜂窝扩张区域,τ ($0<\tau<1$) 是一个区域面积控制因子。参数值 τ 越大,则宏蜂窝内部区域范围 C_i 越大,从而宏蜂窝外部区域范围 C_e 越小。为了便于计算,公式(4-1)可写成 $P(x) = P_k H_x \| \mathcal{X}_k^{-1/\alpha_k} x \|^{-\alpha_k} = P_k H_x \| \tilde{x} \|^{-\alpha_k}$。根据文献[147]引理 1,阴影衰落 $\mathcal{X}_k$ 的影响可视原 PPP Φ_k 为新点过程 Φ_k^s,其分布强度为 $\lambda_k^s = \lambda_k \mathbb{E}[\mathcal{X}_k^{2/\alpha_k}]$。为了标注简单,定义 $\mathcal{S}_k = \mathbb{E}[\mathcal{X}_k^{2/\alpha_k}]$。

使用 $\mathcal{A}_l$ 表示 C_l 区域用户连接概率,即随机选择用户位于 C_l ($l \in \{i, e, \bar{\delta}, \delta\}$) 区域的概率。用户连接概率解析结果见如下引理。

引理 4.1 用户连接概率,$\mathcal{A}_l = \mathbb{P}(u \in C_l)$,可计算为:

$$\mathcal{A}_i = 2\pi \lambda_1^s \int_0^\infty r \exp\left(-\pi \lambda_1^s r^2 - \pi \lambda_2^s \left(\frac{P_2 \delta}{P_1 \tau}\right)^{\frac{2}{\alpha_2}} r^{\frac{2\alpha_1}{\alpha_2}}\right) dr \quad (4\text{-}3)$$

$$\mathcal{A}_e = 2\pi \lambda_1^s \int_0^\infty r \exp\left(-\pi \lambda_1^s r^2 - \pi \lambda_2^s \left(\frac{P_2 \delta}{P_1}\right)^{\frac{2}{\alpha_2}} r^{\frac{2\alpha_1}{\alpha_2}}\right)$$

$$\left\{1 - \exp\left(-\pi \lambda_2^s \left(\frac{P_2 \delta}{P_1}\right)^{\frac{2}{\alpha_2}} r^{\frac{2\alpha_1}{\alpha_2}} \left(\left(\frac{1}{\tau}\right)^{\frac{2}{\alpha_2}} - 1\right)\right)\right\} dr \quad (4\text{-}4)$$

$$\mathcal{A}_{\bar{\delta}} = 2\pi \lambda_2^s \int_0^\infty r \exp\left(-\pi \lambda_2^s r^2 - \pi \lambda_1^s \left(\frac{P_1}{P_2}\right)^{\frac{2}{\alpha_1}} r^{\frac{2\alpha_2}{\alpha_1}}\right) \mathrm{d}r \quad (4\text{-}5)$$

$$\mathcal{A}_\delta = 2\pi \lambda_2^s \int_0^\infty r \exp\left(-\pi \lambda_2^s r^2 - \pi \lambda_1^s \left(\frac{P_1}{P_2 \delta}\right)^{\frac{2}{\alpha_1}} r^{\frac{2\alpha_2}{\alpha_1}}\right)$$

$$\left\{1 - \exp\left(-\pi \lambda_1^s \left(\frac{P_1}{P_2}\right)^{\frac{2}{\alpha_1}} r^{\frac{2\alpha_2}{\alpha_1}} \left(1 - \left(\frac{1}{\delta}\right)^{\frac{2}{\alpha_1}}\right)\right)\right\} \mathrm{d}r \quad (4\text{-}6)$$

证明：根据公式（4-2），$\mathcal{A}_i$ 可化简为：

$$\mathcal{A}_i = \mathbb{E}\left[\tau P_1 \tilde{R}_1^{-\alpha_1} > \delta P_2 \tilde{R}_2^{-\alpha_2}\right]$$

$$= \int_0^\infty \mathbb{P}\left(\tilde{R}_2 > \left(\frac{\delta P_2}{\tau P_1}\right)^{1/\alpha_2} r^{\alpha_1/\alpha_2}\right) f_{\tilde{R}_1}(r) \mathrm{d}r$$

利用类似于文献[93]引理 1 和文献[147]引理 2 的推导步骤，可以获得公式（4-3）。类似地，可以推导出公式（4-4）和（4-6）。

当每层网络路径损耗指数相等时，即 $\alpha_1 = \alpha_2 = \alpha$ 时，连接概率公式（4-3）~（4-6）可进一步简化为：

$$\mathcal{A}_i = \frac{(\tau P_1)^{2/\alpha}}{(\tau P_1)^{2/\alpha} + \lambda \mathcal{S}(\delta P_2)^{2/\alpha}}, \quad \mathcal{A}_{\bar{\delta}} = \frac{(P_2)^{2/\alpha}}{(P_1)^{2/\alpha}/(\lambda \mathcal{S}) + (P_2)^{2/\alpha}} \quad (4\text{-}7)$$

$$\mathcal{A}_e = \frac{(P_1)^{2/\alpha}}{(P_1)^{2/\alpha} + \lambda \mathcal{S}(\delta P_2)^{2/\alpha}} - \frac{(\tau P_1)^{2/\alpha}}{(\tau P_1)^{2/\alpha} + \lambda \mathcal{S}(\delta P_2)^{2/\alpha}} \quad (4\text{-}8)$$

$$\mathcal{A}_\delta = \frac{(\delta P_2)^{2/\alpha}}{(P_1)^{2/\alpha}/(\lambda \mathcal{S}) + (\delta P_2)^{2/\alpha}} - \frac{(P_2)^{2/\alpha}}{(P_1)^{2/\alpha}/(\lambda \mathcal{S}) + (P_2)^{2/\alpha}} \quad (4\text{-}9)$$

其中，$\lambda = \frac{\lambda_2}{\lambda_1}$，$\mathcal{S} = \frac{\mathcal{S}_2}{\mathcal{S}_1}$。

4.2.2 FeICIC 干扰管理

系统执行 FeICIC 干扰协调方案，并且 Macro 和 Pico 基站帧传送要求严格同步。Macro 基站在比例为 ξ 的部分时间资源上以缩减功率 βP_1 为 C_i 区域用户服务，同时，Pico 蜂窝调度扩张区域 C_δ 用户。剩余的 $1-\xi$ 时间资源分配给

宏蜂窝边缘区域 C_e 用户和小蜂窝未偏置区域 $C_{\bar{\delta}}$ 用户。基于两层异构网络的 CRE 和资源分配运行机制如图 4.1 所示。不同于频域干扰协调资源分配方案，在同一时刻，基于 FeICIC 方案网络中每个蜂窝的可用频谱带宽为 W。图中，$\frac{P_1}{P_2} = 16\,\text{dB}$，$\delta = 10\,\text{dB}$，$\tau = -7\,\text{dB}$，蜂窝覆盖范围没有考虑阴影衰落的影响。

对于给定的 ξ，典型用户 u ($u \in C_l$) 的 $SINR$ 可计算为：

$$SINR = \mathbf{1}\left(l \in \{i,\delta\}\right)\frac{\beta_{J(l)} P_{J(l)} H_x \mathcal{X}_{J(l)} x^{-\alpha_{J(l)}}}{\sum_{j=1}^{2} \beta_{J(l)} I_{x,j}^l + \varrho^2} + \mathbf{1}\left(l \in \{e,\bar{\delta}\}\right)\frac{P_{J(l)} H_x \mathcal{X}_{J(l)} x^{-\alpha_{J(l)}}}{\sum_{j=1}^{2} I_{x,j}^l + \varrho^2}$$

（4-10）

其中，$\mathbf{1}(\cdot)$ 表示指示函数，$J(i) = J(e) = 1$，$J(\bar{\delta}) = J(\delta) = 2$。功率控制因子 $\beta_{J(i)} = \beta$，$\beta_{J(\delta)} = 1$，ϱ^2 为可加性噪声功率，$I_{x,j}^l$ 是第 j 层（除服务基站 B_0 之外）基站总干扰，第 j 层基站总干扰表示为：

$$I_{x,j}^l = P_j \sum_{y \in \Psi_j^l \setminus B_0} H_y \|\tilde{y}\|^{-\alpha_j}$$

（4-11）

其中，Ψ_j^l 表示对典型用户产生干扰的第 j 层基站集合，$\tilde{y} = \mathcal{X}_j^{-1/\alpha_j} y$。

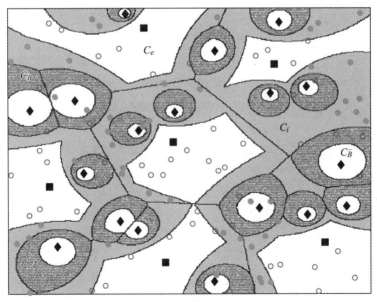

（a）C_e 和 $C_{\bar{\delta}}$ 区域用户活跃

第 4 章 FeICIC 异构网络资源分配联合优化

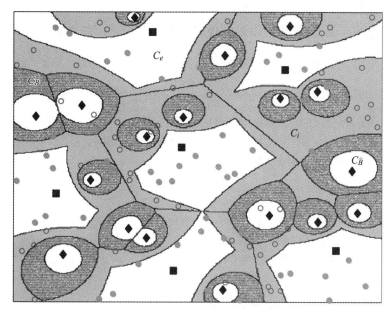

（b）C_i 和 C_δ 区域用户活跃

图 4.1 FeICIC 异构网络蜂窝覆盖范围和用户连接

4.2.3 子信道分配及自适应基站休眠

OFDMA 系统提供了灵活的多信道分配方式。系统总频谱带宽 W 均等划分为 S 个子信道，每个子信道包含几个连续资源块。使用 N_l 表示随机选择基站 C_l 区域用户的数量，C_l 区域对应的分配频谱带宽为 W_l。当 $N_l < S$ 时，$W_l = \left[\dfrac{W}{S}\right] N_l$，否则 $W_l = W$。假如一个蜂窝没有任何用户，则相应基站进入休眠模式。在 $N_l \geqslant S$ 情况下，用户均等共享蜂窝频率和时间资源，即采用频率和时间轮回调度算法。更加复杂的调度算法超出了本章研究范围。

在公式（4-11）中，集合 Ψ_j^l 可以看成 Φ_j 的削弱版本。在上一章中，已经论证 θ_l 可视为随机选择基站产生干扰的概率。θ_l 的计算公式在如下引理中给出。

引理 4.2 使用 θ_l 表示随机选择基站 C_l 区域给定子信道活跃的概率，计算为：

$$\theta_l = 1 - \frac{3.5^{3.5}}{\Gamma(3.5)} \sum_{n=0}^{S-1} \frac{S-n}{n!S} \frac{\Gamma(n+3.5)(K_l)^{3.5}}{(1+3.5K_l)^{n+3.5}} \qquad (4\text{-}12)$$

其中，$K_l = \dfrac{\lambda_{J(l)}}{\lambda_u \mathcal{A}_l}$。阴影衰落对用户连接的影响在用户连接概率 $\mathcal{A}_l$ 中体现。

证明：使用 N_l 标注随机选择基站 C_l 区域用户数量。当 $N_l < S$ 时，该基站 C_l 区域用户占用给定子信道的概率为 $\dfrac{N_l}{S}$。当 $N_l \geqslant S$ 时，该基站的 C_l 区域占用给定子信道的概率为 1。因此，θ_l 的值可计算为：

$$\theta_l = \sum_{n=0}^{S-1} \dfrac{n}{S} \mathbb{P}(N_l = n) + \sum_{n=S}^{\infty} \mathbb{P}(N_l = n)$$

$$= 1 - \sum_{n=0}^{S-1} \dfrac{S-n}{S} \mathbb{P}(N_l = n) \tag{4-13}$$

代入公式（3-11），即可得到（4-12）。

假设基站总是有数据传输给每个活跃用户，则用户 $u \in C_l$ 获得的速率为：

$$R_l = \dfrac{W_l T_l}{N_l^0} \log_2(1 + SINR_l) \tag{4-14}$$

其中，N_l^0 表示包括典型用户在内的用户数量，T_l 表示 FeICIC 运行的资源分配系数，$T_i = T_{\bar{\delta}} = \xi$ 且 $T_e = T_{\bar{\delta}} = 1-\xi$。

针对回程容量受限异构网络场景，基于 FeICIC 方案用户速率可计算为：

$$R_l^c = \mathbf{1}(u \in \{C_i, C_e\}) \dfrac{1}{\dfrac{N_l}{O_1 T_l} + \dfrac{1}{R_l}} + \mathbf{1}(u \in \{C_{\bar{\delta}}, C_{\delta}\}) \dfrac{1}{\dfrac{N_l}{O_2 T_l} + \dfrac{1}{R_l}} \tag{4-15}$$

其中，$R_l(l \in \{i, e, \bar{\delta}, \delta\})$ 表示理想回程链路条件下用户速率，R_l^c 表示回程受限网络用户速率，$T_e = T_{\bar{\delta}} = 1-\xi$ 且 $T_i = T_{\delta} = \xi$。

4.2.4 功耗模型

功率消耗模型见公式（3-21）。基于 FeICIC 方案的两层异构网络基站基带信号处理功率消耗可计算为：

$$P_1^{bb} = [\omega_i \xi + \omega_e (1-\xi)] P_1^{bb'} \tag{4-16}$$

$$P_2^{bb} = [\omega_{\delta} \xi + \omega_{\bar{\delta}} (1-\xi)] P_2^{bb'} \tag{4-17}$$

其中，$\omega_l = W_l / W$，利用与引理 4.2 相同的证明步骤，可获得 $\omega_l = \theta_l$。$P_k^{bb'}$ 是基带功率消耗规范化因子。

射频功率消耗与实际使用带宽成比例，第 k 层基站射频功率可计算为：

$$P_1^{rf} = \xi \frac{W_i}{W} \beta P_1^{max} + (1-\xi) \frac{W_e}{W} P_1^{max}$$
$$= \left[\xi \omega_i \beta + (1-\xi) \omega_e \right] P_1^{max} \qquad (4\text{-}18)$$

$$P_2^{rf} = \left[\xi \omega_\delta + (1-\xi) \omega_{\bar{\delta}} \right] P_2^{max} \qquad (4\text{-}19)$$

Backhaul 功率消耗主要产生于数据传送以及基站之间的信令交互。对于给定的 Backhaul 数据传输速率，其功率消耗计算为：

$$P_k^{haul} = \frac{R_k^{haul}}{C_{ref}} P^{haul'} \qquad (4\text{-}20)$$

其中，R_k^{haul} 表示第 k 层基站数据传输速率，$P^{haul'}$（$P^{haul'} = 50\text{ W}$）是传输速率为 C_{ref} 的功率消耗值（$C_{ref} = 100\text{ Mb/s}$ [138]）。

两层异构网络单位面积平均功率消耗计算为：

$$P_s = \lambda_1 P_{s,1} + \lambda_2 P_{s,2} \qquad (4\text{-}21)$$

4.3 性能分析

4.3.1 SINR 性能

条件 SINR 覆盖定义为 $\mathbb{P}(SINR > \gamma \mid u \in C_l)$，$\gamma$ 为门限值。根据概率总公式可得网络总体 SINR 覆盖概率为：

$$\mathcal{P}(\gamma) = \sum_{l \in \{i,e,\bar{\delta},\delta\}} \mathcal{A}_l P_l(\gamma) \qquad (4\text{-}22)$$

网络总体 SINR 覆盖的解析表达式在如下引理中给出。

引理 4.3 典型用户的条件 SINR 覆盖解析结果见公式（4-27）~（4-30），其中 $SNR_k(x) = P_k \tilde{x}^{-\alpha_k} / \sigma^2$，$p = \dfrac{P_2}{P_1}$，且 $\Xi(a,b,c,\alpha_j) = a^{2/\alpha_j} + bc^{2/\alpha_j} \int_{(\frac{a}{c})^{2/\alpha_j}}^{\infty} \dfrac{1}{1+u^{\alpha_j/2}} du$。

证明：使用 X_l 表示典型用户与服务基站之间的距离，则条件 SINR 覆盖性能表达式为：

$$P_l(\gamma) = \int_0^\infty \mathbb{P}(SINR \geqslant \gamma \mid u \in C_l) f_{X_l}(x) dx \qquad (4\text{-}23)$$

其中，X_l 的 CCDF 为：

$$\mathbb{P}(X_l > x) = \frac{\mathbb{P}(\tilde{R}_{J(l)} > x, u \in C_l)}{\mathbb{P}(u \in C_l)} \quad (4\text{-}24)$$

根据引理 2.2，可得典型用户 u ($u \in C_i$) 与服务基站之间的距离分布 PDF $f_{X_i}(x)$ 可计算为：

$$f_{X_i}(x) = \frac{2\pi \lambda_1^s}{\mathcal{A}_i} x \exp\left(-\pi \sum_{j=1}^{2} \lambda_j^s \left(\frac{\tau_j \delta_j P_j}{\tau P_1}\right)^{2/\alpha_j} x^{2\alpha_1/\alpha_j}\right) \quad (4\text{-}25)$$

其中，$\tau_1 = \tau$ 并且 $\tau_2 = 1$。使用公式（4-10），条件覆盖概率可计算为：

$$\begin{aligned}
\mathbb{P}(SINR \geq \gamma \mid u \in C_i) &= \mathbb{P}\left(\frac{\beta P_1 H_x \tilde{x}^{-\alpha_1}}{\sum_{j=1}^{2} I_{x,j}^i + \varrho^2} > \gamma\right) \\
&= \mathbb{P}\left(H_x > \tilde{x}^{\alpha_1}(\beta P_1)^{-1}\gamma\left\{\sum_{j=1}^{2} I_{x,j}^i + \varrho^2\right\}\right) \\
&= \mathbb{E}\left[\exp\left(-\tilde{x}^{\alpha_1}(\beta P_1)^{-1}\gamma\left\{\sum_{j=1}^{2} I_{x,j}^i + \varrho^2\right\}\right)\right] \\
&= \exp\left(-\frac{\gamma}{SNR_1(x)}\right) \prod_{j=1}^{2} L_{I_{x,j}^i}\left(\tilde{x}^{\alpha_1}(\beta P_1)^{-1}\gamma\right) \quad (4\text{-}26)
\end{aligned}$$

拉普拉斯变换可进一步计算为：

$$\begin{aligned}
L_{I_{x,j}^i}(s) &= \mathbb{E}_{I_j^i}\left[e^{-sI_{x,j}^i}\right] \\
&\stackrel{(a)}{=} \mathbb{E}_{\Psi_j^i}\left[\exp\left(-s \sum_{z \in \Psi_j^i \setminus B_0} \beta_j P_j H_y \|\tilde{Y}_z\|^{-\alpha_j}\right)\right] \\
&\stackrel{(b)}{=} \exp\left(-2\pi \lambda_j^s \theta_j^i \int_{D_j}^{\infty} \left(1 - L_{H_y}(s\beta_j P_j y^{-\alpha_j})\right) y dy\right) \\
&\stackrel{(c)}{=} \exp\left(-\pi \lambda_j^s \theta_j^i \left(\frac{\beta_j P_j \gamma}{\beta P_1}\right)^{\frac{2}{\alpha_j}} x^{\frac{2\alpha_1}{\alpha_j}} \int_{\left(\frac{\delta_j \hat{\tau}}{\gamma \beta_j}\right)^{\frac{2}{\alpha_j}}}^{\infty} \frac{1}{1+u^{\frac{\alpha_j}{2}}} du\right) \quad (4\text{-}27)
\end{aligned}$$

其中，步骤（a）是因为干扰基站的削弱，步骤（b）源自文献[147]引理 1 的替代定理，并使用集合 Ψ_j^i 的概率生成函数（Probability Generating Functional，PGFL）[73]即可获得，步骤（c）是因为使用变量代换 $u = (sP_j)^{-2/\alpha_j} y^2$，

$D_j = (\hat{\tau}_j \hat{P}_j \delta_j)^{1/\alpha_j} x^{1/\hat{\alpha}_j}$,$\hat{\tau}_j = \tau_j/\tau$,$\theta_j^i$ 表示第 j 层基站对位于 C_i 区域典型用户的干扰概率,$\theta_1^i = \theta_i$,$\theta_2^i = \theta_\delta$。组合公式（4-25）、（4-26）及（4-27）并代入到（4-23）中即可获得公式（4-28）$\mathcal{P}_i(\gamma)$ 表达式,公式（4-28）~（4-31）可通过同样的证明步骤获得。

$$\mathcal{P}_i(\gamma) = \frac{2\pi\lambda_1^s}{\mathcal{A}_i} \int_0^\infty x \exp\left(-\frac{\gamma}{SNR_1(x)} - \pi\lambda_1^s \Xi(1,\theta_i,\gamma,\alpha_1)x^2 - \pi\lambda_2^s p^{\frac{2}{\alpha_2}} \Xi\left(\frac{\delta}{\tau},\theta_\delta,\frac{\gamma}{\beta},\alpha_2\right) x^{\frac{2\alpha_1}{\alpha_2}}\right) dx$$

（4-28）

$$\mathcal{P}_e(\gamma) = \frac{2\pi\lambda_1^s}{\mathcal{A}_e} \int_0^\infty x \exp\left(-\frac{\gamma}{SNR_1(x)} - \pi\lambda_1^s \Xi(1,\theta_e,\gamma,\alpha_1)x^2 - \pi\lambda_2^s p^{\frac{2}{\alpha_2}} \Xi(\delta,\theta_{\bar{\delta}},\gamma,\alpha_2) x^{\frac{2\alpha_1}{\alpha_2}}\right)$$

$$\left\{1 - \exp\left(-\pi\lambda_2^s (p\delta)^{\frac{2}{\alpha_2}} \left(\left(\frac{1}{\tau}\right)^{\frac{2}{\alpha_2}} - 1\right) x^{\frac{2\alpha_1}{\alpha_2}}\right)\right\} dx$$

（4-29）

$$\mathcal{P}_{\bar{\delta}}(\gamma) = \frac{2\pi\lambda_2^s}{\mathcal{A}_{\bar{\delta}}} \int_0^\infty x \exp\left(-\frac{\gamma}{SNR_2(x)} - \pi\lambda_2^s \Xi(1,\theta_{\bar{\delta}},\gamma,\alpha_2)x^2 - \pi\lambda_1^s \left(\frac{1}{p}\right)^{\frac{2}{\alpha_1}} \Xi(1,\theta_e,\gamma,\alpha_1) x^{\frac{2\alpha_2}{\alpha_1}}\right) dx$$

（4-30）

$$\mathcal{P}_\delta(\gamma) = \frac{2\pi\lambda_2^s}{A_\delta} \int_0^\infty x \exp\left(-\frac{\gamma}{SNR_2(x)} - \pi\lambda_2^s \Xi(1,\theta_\delta,\gamma,\alpha_2)x^2 - \pi\lambda_1^s \left(\frac{1}{p}\right)^{\frac{2}{\alpha_1}} \Xi\left(\frac{1}{\delta},\theta_i,\beta\gamma,\alpha_1\right) x^{\frac{2\alpha_2}{\alpha_1}}\right)$$

$$\left\{1 - \exp\left(-\pi\lambda_1^s \left(\frac{1}{p}\right)^{\frac{2}{\alpha_1}} \left(1 - \left(\frac{1}{\delta}\right)^{\frac{2}{\alpha_1}}\right) x^{\frac{2\alpha_2}{\alpha_1}}\right)\right\} dx$$

（4-31）

4.3.2 速率覆盖

1. 非理想 Backhaul 场景

使用 ρ 表示速率覆盖门限,基于非理想 Backhaul 场景,位于 C_i 区域典型用户条件速率覆盖定义为:

$$\mathcal{R}_l^c(\rho) \triangleq \mathbb{P}(R_l^c > \rho \mid u \in C_l) \quad (4\text{-}32)$$

网络总速率覆盖概率公式为：

$$\mathcal{R}^c(\rho) = \sum_{l \in \{i,e,\bar{\delta},\delta\}} \mathcal{A}_l R_l^c(\rho) \tag{4-33}$$

基于非理想 Backhaul 场景，条件速率覆盖解析式在如下引理中给出。

引理 4.4 基于 FeICIC 方案的非理想 Backhaul 异构网络场景，典型用户 u $(u \in C_l)$ 条件速率覆盖解析表达式为：

$$\mathcal{R}_i^c(\rho) = \sum_{n=1}^{\lceil O_1 T_i / \rho \rceil - 1} \psi_i(n) \mathcal{P}_i\left(t\left(\frac{\hat{\rho}}{T_i/n - \rho/O_1}\right)\right) \tag{4-34}$$

$$\mathcal{R}_e^c(\rho) = \sum_{n=1}^{\lceil O_1 T_e / \rho \rceil - 1} \psi_e(n) \mathcal{P}_e\left(t\left(\frac{\hat{\rho}}{T_e/n - \rho/O_1}\right)\right) \tag{4-35}$$

$$\mathcal{R}_{\bar{\delta}}^c(\rho) = \sum_{n=1}^{\lceil O_2 T_{\bar{\delta}} / \rho \rceil - 1} \psi_{\bar{\delta}}(n) \mathcal{P}_{\bar{\delta}}\left(t\left(\frac{\hat{\rho}}{T_{\bar{\delta}}/n - \rho/O_2}\right)\right) \tag{4-36}$$

$$\mathcal{R}_{\delta}^c(\rho) = \sum_{n=1}^{\lceil O_2 T_{\delta} / \rho \rceil - 1} \psi_{\delta}(n) \mathcal{P}_{\delta}\left(t\left(\frac{\hat{\rho}}{T_{\delta}/n - \rho/O_2}\right)\right) \tag{4-37}$$

其中，$t(x) = 2^x - 1$，$\hat{\rho} = \rho/[\mathbf{1}(n<S)Wn/S + \mathbf{1}(n \geq S)W]$，$\psi_l(n) \triangleq \mathbb{P}(N_l^0 = n)$ 表示服务基站 C_l 区域用户数量的 PMF。

证明：按照引理 3.6 相似的推导步骤，即可获得公式（4-34）~（4-37）。

2. 理想 Backhaul 场景

典型用户 u $(u \in C_l)$ 的条件速率覆盖定义为：

$$\mathcal{R}_l(\rho) \triangleq \mathbb{P}(R_l > \rho \mid u \in C_l) \tag{4-38}$$

根据总概率公式，网络总速率覆盖公式为：

$$\mathcal{R}(\rho) = \sum_{l \in \{i,e,\bar{\delta},\delta\}} \mathcal{A}_l R_l(\rho) \tag{4-39}$$

基于理想回程场景的异构网络速率解析表达式见如下引理。

引理 4.5 基于理想回程 FeICIC 异构网络干扰受限场景，典型用户 $u \in C_l$ 条件速率覆盖解析式如式（4-44）~（4-47）所示。其中，$t(x_l) = 2^{x_l} - 1$，当 $n < S$ 时，$x_l = \hat{\rho} S$。反之，当 $n \geq S$ 时，$x_l' = \hat{\rho} n / T_l$，并且 $\hat{\rho} = \rho / W$。

证明：利用引理 3.7 相同的证明步骤，即可获得式（4-44）~（4-47）的解析结果。

假定相等路径损耗指数，即 $\alpha_1 = \alpha_2 = \alpha$ 并忽略噪声功率。定义 $\eta_l = \mathcal{A}_l \mathcal{P}_{sl}(\rho)$，通过积分运算 $\int_0^\infty x\exp(-Ax^2)\mathrm{d}x = \dfrac{1}{2A}$，$\eta_l$ 可进一步化简为公式（4-40）~（4-43）。

$$\eta_i = \sum_{n\geqslant 1} \psi_i(n) \frac{1}{\Xi(1,\theta_i,t(y_i),\alpha) + \lambda S p^{\frac{2}{\alpha}} \Xi\left(\dfrac{\delta}{\tau},\theta_{\delta},\dfrac{t(y_i)}{\beta},\alpha\right)} \quad (4\text{-}40)$$

$$\eta_e = \sum_{n\geqslant 1} \psi_e(n) \left\{ \frac{1}{\Xi(1,\theta_e,t(y_e),\alpha) + \lambda S p^{\frac{2}{\alpha}} \Xi(\delta,\theta_{\bar{\delta}},t(y_e),\alpha)} \right. $$

$$\left. - \frac{1}{\Xi(1,\theta_e,t(y_e),\alpha) + \lambda S p^{\frac{2}{\alpha}} \left[\left(\dfrac{\delta}{\tau}\right)^{\frac{2}{\alpha}} - \delta^{\frac{2}{\alpha}} + \Xi(\delta,\theta_{\bar{\delta}},t(y_e),\alpha)\right]} \right\} \quad (4\text{-}41)$$

$$\eta_{\bar{\delta}} = \sum_{n\geqslant 1} \psi_{\bar{\delta}}(n) \frac{1}{\Xi(1,\theta_{\bar{\delta}},t(y_{\bar{\delta}}),\alpha) + \dfrac{1}{\lambda S}\left(\dfrac{1}{p}\right)^{\frac{2}{\alpha}} \Xi(1,\theta_e,t(y_{\bar{\delta}}),\alpha)} \quad (4\text{-}42)$$

$$\eta_{\delta} = \sum_{n\geqslant 1} \psi_{\delta}(n) \left\{ \frac{1}{\Xi(1,\theta_{\delta},t(y_{\delta}),\alpha) + \dfrac{1}{\lambda S}\left(\dfrac{1}{p}\right)^{\frac{2}{\alpha}} \Xi\left(\dfrac{1}{\delta},\theta_i,\beta t(y_{\delta}),\alpha\right)} \right.$$

$$\left. - \frac{1}{\Xi(1,\theta_{\delta},t(y_{\delta}),\alpha) + \dfrac{1}{\lambda S}\left(\dfrac{1}{p}\right)^{\frac{2}{\alpha}}\left[1 - \left(\dfrac{1}{\delta}\right)^{\frac{2}{\alpha}} + \Xi\left(\dfrac{1}{\delta},\theta_i,\beta t(y_{\delta}),\alpha\right)\right]} \right\} \quad (4\text{-}43)$$

$$\mathcal{R}_i(\rho) = \frac{2\pi\lambda_1^s}{\mathcal{A}_i} \sum_{n\geqslant 1} \psi_i(n) \int_0^\infty x \exp\left(-\pi\lambda_1^s \Xi(1,\theta_i,t(y_i),\alpha_1) x^2 - \pi\lambda_2^s p^{\frac{2}{\alpha_2}} \Xi\left(\dfrac{\delta}{\tau},\theta_{\delta},\dfrac{t(y_i)}{\beta},\alpha_2\right) x^{\frac{2\alpha_1}{\alpha_2}}\right) \mathrm{d}x$$

$$(4\text{-}44)$$

$$\mathcal{R}_e(\rho) = \frac{2\pi\lambda_1^s}{\mathcal{A}_e} \sum_{n\geqslant 1} \psi_e(n) \int_0^\infty x \exp\left(-\pi\lambda_1^s \Xi(1,\theta_e,t(y_e),\alpha_1) x^2 - \pi\lambda_2^s p^{\frac{2}{\alpha_2}} \Xi(\delta,\theta_{\bar{\delta}},t(y_e),\alpha_2) x^{\frac{2\alpha_1}{\alpha_2}}\right)$$

$$\left\{ 1 - \exp\left(-\pi\lambda_2^s (p\delta)^{\frac{2}{\alpha_2}} \left(\left(\dfrac{1}{\tau}\right)^{\frac{2}{\alpha_2}} - 1\right) x^{\frac{2\alpha_1}{\alpha_2}}\right) \right\} \mathrm{d}x \quad (4\text{-}45)$$

$$\mathcal{R}_{\bar{\delta}}(\rho) = \frac{2\pi\lambda_2^s}{\mathcal{A}_{\bar{\delta}}} \sum_{n \geq 1} \psi_{\bar{\delta}}(n) \int_0^\infty x \exp\left(-\pi\lambda_2^s \Xi(1,\theta_{\bar{\delta}},t(y_{\bar{\delta}}),\alpha_2)x^2 - \pi\lambda_1^s \left(\frac{1}{p}\right)^{\frac{2}{\alpha_1}} \Xi(1,\theta_e,t(y_{\bar{\delta}}),\alpha_1) x^{\frac{2\alpha_2}{\alpha_1}}\right) dx$$

(4-46)

$$\mathcal{R}_{\delta}(\rho) = \frac{2\pi\lambda_2^s}{\mathcal{A}_{\delta}} \sum_{n \geq 1} \psi_{\delta}(n) \int_0^\infty x \exp\left(-\pi\lambda_2^s \Xi(1,\theta_{\delta},t(y_{\delta}),\alpha_2)x^2 - \pi\lambda_1^s \left(\frac{1}{p}\right)^{\frac{2}{\alpha_1}} \Xi\left(\frac{1}{\delta},\theta_i,\beta t(y_{\delta}),\alpha_1\right) x^{\frac{2\alpha_2}{\alpha_1}}\right)$$

$$\left\{1 - \exp\left(-\pi\lambda_1^s \left(\frac{1}{p}\right)^{\frac{2}{\alpha_1}} \left(1 - \left(\frac{1}{\delta}\right)^{\frac{2}{\alpha_1}}\right) x^{\frac{2\alpha_2}{\alpha_1}}\right)\right\} dx \tag{4-47}$$

4.4 资源分配联合优化

4.4.1 优化目标

本节基于用户传输需求，提出联合 SE 和 EE 资源分配非凸优化问题，通过低复杂度优化算法找出次优资源分配方案。为了便于数学处理，考虑干扰受限和相同路径损耗环境（$\alpha_1 = \alpha_2 = \alpha$）。这种相等路径损耗设置不会明显降低准确度，在之前的研究工作如文献[87，126，129，160]中，均已采用。下文首先介绍基于传输需求的频谱和能量效率性能指标，然后介绍频谱及能量效率联合优化资源分配算法。

定义 4.1 频谱效率是反映频谱带宽利用效率的关键性能指标，普遍定义为基站成功传输的数据量与带宽之比，单位为 bits/s/Hz。

当用户实际可达的信道容量大于传输需求时，则认为数据传输成功，否则视为传输失败。根据文献[161，162]的中断容量定义，同时考虑信道容量增益满足传输需求的成功传输概率，按照文献[159]的定义，频谱效率可计算为：

$$\eta_{se} = \frac{\mathcal{T}_a}{W} = \frac{\lambda_u v \sum_l \mathcal{A}_l \mathcal{P}_{sl}(v)}{W} \tag{4-48}$$

其中，$\mathcal{P}_{sl}(v) = \mathbb{P}(R_l \geq v)$ 为条件成功传输概率（Transmission Success Probability, TSP），速率 v 为典型用户传输需求，即预定义的服务质量门限。根据公式（4-38）可知 $\mathcal{P}_{sl}(v) = \mathcal{R}_l(\rho)$。

定义 4.2 能量效率是反映能量利用效率的关键性能指标，定义为网络成功传输的吞吐量与消耗功率之比,单位为 bps/W 或 bits/Joule。

相应地,按照文献[159,162]的定义,能量效率可计算为:

$$\eta_{ee} = \frac{\mathcal{T}_a}{P_s} = \frac{\lambda_u v \sum_l \mathcal{A}_l \mathcal{P}_{sl}(v)}{\sum_{k=1}^{2} \lambda_k P_{s,k}} \quad (4\text{-}49)$$

4.4.2 SE 及 EE 优化问题

资源分配优化参数涉及用户连接偏置 δ、功率控制因子 β、资源分配系数 ξ 及子信道分配数量 S。由于联合优化多参数问题是 NP 问题,本章在给定用户连接偏置条件下,解决功率控制因子、资源分配系数和子信道数量联合优化问题。首先在给定的子信道数量基础上通过算法获得最优的功率控制和资源分配系数。多目标优化问题为:

$$\min_{\{\beta,\xi\}} \eta_{se}^{-1}(\beta,\xi) \text{ and } \min_{\{\beta,\xi\}} \eta_{ee}^{-1}(\beta,\xi)$$
$$\text{s.t.} C1: 0 \leq \beta \leq 1 \text{ and } C2: 0 \leq \xi \leq 1 \quad (4\text{-}50)$$

为了便于处理 SE 和 EE 折中问题,这里采用权重和方法[163]转换多目标优化问题。由于频谱带宽在数值上显著高于基站功率消耗,如果采用简单的 SE 和 EE 之和,SE-EE 的优化将趋向于 EE 最优。因此,引入规范化权重因子 θ_{se} 和 θ_{ee},使得 η_{se} 和 η_{ee} 的数值在相同数量级范围内。组合频谱和能量效率公式,多目标优化问题转换为:

$$\min_{\{\beta,\xi\}} \frac{\theta_{ee} P_s(\beta,\xi) + \kappa \theta_{se} W}{\mathcal{T}_a(\beta,\xi)} \quad (4\text{-}51)$$

其中,κ 是 SE 和 EE 折中的成本参数,$\kappa = 0$ 对应 EE 最优化,而 $\kappa = \infty$ 对应 SE 最优化,如何选择 κ 超出了本书研究范围。考虑到目标函数的优化属于非线性分式规划问题[164],使用 Dinkelbach 迭代算法将目标函数进行转换。定义函数 $U(\beta,\xi) = (\theta_{ee} P_s(\beta,\xi) + \kappa \theta_{se} W) / \mathcal{T}_a(\beta,\xi)$,不失通用性,定义函数 $U(\beta,\xi)$ 的值为非负变量 q,当且仅当 $q^* = (\theta_{ee} P_s(\beta^*,\xi^*) + \kappa \theta_{se} W) / \mathcal{T}_a(\beta^*,\xi^*)$ 时达到最优值。

定理 4.1(优化问题等效):q^* 是最优值当且仅当

$$\begin{aligned}
&\min_{\{\beta,\xi\}} \theta_{ee} P_s(\beta,\xi) + \kappa \theta_{se} W - q^* \mathcal{T}_a(\beta,\xi) \\
&= \theta_{ee} P_s(\beta^*,\xi^*) + \kappa \theta_{se} W - q^* \mathcal{T}_a(\beta^*,\xi^*) \\
&= 0
\end{aligned} \quad (4\text{-}52)$$

其中，$\{\beta,\xi\}$ 是优化问题（4-51）的任何可行解，并满足约束（4-50）。

证明：详细证明参考文献[164]定理 1。

定理 1 说明多目标优化分式函数（4-51）可以转换为减的形式：

$$\min_{\{\beta,\xi\}} \theta_{ee} P_s(\beta,\xi) + \kappa\theta_{se}W - q^* \mathcal{T}_a(\beta,\xi) \tag{4-53}$$

4.4.3 Dinkelbach 迭代算法

1. 算法分析

采用 Dinkelbach 方法[164]，开发迭代算法解决等效的优化函数（4-53）。具体算法描述见算法 4.1，算法的收敛性可由如下定理得到保障。

定理 4.2（算法收敛性）：算法 4.1 目标函数（4-53）总是收敛于最优方案。

证明：采用文献[118]类似的方法证明算法 4.1 的收敛性。为了标注简单，定义等效函数 $F(q) = \min_{\{\beta,\xi\}} \theta_{ee} P_s(\beta,\xi) + \kappa\theta_{ee}W - q\mathcal{T}_a(\beta,\xi)$。首先说明两个引理。

引理 4.6 $F(q)$ 是关于变量 q 的严格递减函数，即当 $q' > q''$ 时，$F(q'') > F(q')$。

证明：使用 $\{\beta'',\xi''\}$ 表示 $F(q'')$ 的最小值，$\{\beta',\xi'\}$ 表示 $F(q')$ 的最小值，则

$$\begin{aligned}
F(q'') &= \min\{\theta_{ee} P_s(\beta,\xi) + \kappa\theta_{ee}W - q''\mathcal{T}_a(\beta,\xi)\} \\
&= \theta_{ee} P_s(\beta'',\xi'') + \kappa\theta_{ee}W - q''\mathcal{T}_a(\beta'',\xi'') \\
&> \theta_{ee} P_s(\beta'',\xi'') + \kappa\theta_{ee}W - q'\mathcal{T}_a(\beta'',\xi'') \\
&\geq \theta_{ee} P_s(\beta',\xi') + \kappa\theta_{ee}W - q'\mathcal{T}_a(\beta',\xi') \\
&= F(q')
\end{aligned} \tag{4-54}$$

引理 4.7 使用 $\{\beta'',\xi''\}$ 表示优化目标函数的任何可行方案，并且 $q' = (\theta_{ee} P_s(\beta',\xi') + \kappa\theta_{ee}W)/\mathcal{T}_a(\beta',\xi')$，则 $F(q') \geq 0$。

证明：

首先，
$$\begin{aligned}
F(q') &= \min\{\theta_{ee} P_s(\beta,\xi) + \kappa\theta_{ee}W - q'\mathcal{T}_a(\beta,\xi)\} \\
&\geq \theta_{ee} P_s(\beta',\xi') + \kappa\theta_{ee}W - q'\mathcal{T}_a(\beta',\xi') \\
&= 0
\end{aligned} \tag{4-55}$$

其次，证明算法的收敛性。使用 $\{\beta_m,\xi_m\}$ 表示第 m^{th} 次迭代。假定 q_m（$q_m \neq q^*$）和 q_{m+1}（$q_{m+1} \neq q^*$）分别表示函数 $U(\beta,\xi)$ 第 m 和第 $m+1$ 次迭代的值。由定理 4.1 可知，$F(q_m) > 0$ 和 $F(q_{m+1}) > 0$。此外，注意到 $q_{m+1} = (\theta_{ee} P_s(\beta_m,\xi_m) + \kappa\theta_{ee}W)/\mathcal{T}_a(\beta_m,\xi_m)$，因此，

$$\begin{aligned}F(q_m) &= \theta_{ee}P_s(\beta_m,\xi_m) + \kappa\theta_{ee}W - q_m\mathcal{T}_a(\beta_m,\xi_m) \\ &= \mathcal{T}_a(\beta_m,\xi_m)(q_{m+1} - q_m) > 0 \\ &\Rightarrow q_{m+1} > q_m, \because \mathcal{T}_a(\beta_m,\xi_m) > 0\end{aligned} \quad (4\text{-}56)$$

因为 $q_{m+1} > q_m$，并结合引理 4.6 和引理 4.7，可证明当迭代次数足够大且满足定理 4.1 最优条件，$F(q)$ 收敛于 0。

外层迭代算法 4.1 用来选择参数 q 的最优值。

$$\min_{\{\beta,\xi\}} \theta_{ee}P_s(\beta,\xi) + \kappa\theta_{se}W - q\mathcal{T}_a(\beta,\xi) \quad (4\text{-}57)$$

对于给定的 κ 值，$\kappa\theta_{se}W$ 项是一个常数项。忽略该常数项，并将目标函数除以 θ_{ee} 不会改变最优方案 (β^*,ξ^*)，因此，对于给定的 q，可通过解决如下目标函数来获得最优方案：

$$\min_{\{\beta,\xi\}} P_s(\beta,\xi) - \frac{q}{\theta_{ee}}\mathcal{T}_a(\beta,\xi) \quad (4\text{-}58)$$

定义函数 $\bar{U}(\beta,\xi) = P_s(\beta,\xi) - \frac{q}{\theta_{ee}}\mathcal{T}_a(\beta,\xi)$。因此，如果方案 (β^*,ξ^*) 是函数 (4-58) 的解决方案，则 $\bar{U}(\beta^*,\xi^*) \geq \bar{U}(\beta,\xi)$，即 $U(\beta^*,\xi^*) \geq U(\beta,\xi)$ 对所有可行方案 (β,ξ) 均满足约束项 (4-50)。下文将求解最优资源分配方案 (β^*,ξ^*)。

Input: Initialize the maximum number of iterations $L\max$, the maximum tolerance ε and initial value $q_1 = 0$.
Set the iteration index m = 1 and begin the Outer Loop.

1　**for** $m=1$ **to** $L_{\max}$ **do**
2　　Solve the Inner Loop problem for a given q_m from Algorithm 2,
3　　Obtain β_m, ξ_m, $P_s(\beta_m,\xi_m)$, $\mathcal{T}_a(\beta_m,\xi_m)$;
4　　If $\theta_{ee}P_s(\beta_m,\xi_m) + \kappa\theta_{se}W - q_m\mathcal{T}_a(\beta_m,\xi_m) < \varepsilon$ then
5　　　return $\{\beta^*,\xi^*\} = \{\beta_m,\xi_m\}$ \$and\$ $q^* = q_m$;
6　　　Convergence = TRUE;
7　　else
8　　　Set $q_{m+1} = (\theta_{ee}P_s(\beta_m,\xi_m) + \kappa\theta_{se}W)/\mathcal{T}_a(\beta_m,\xi_m)$ and $m = m+1$
9　　　Convergence = FALSE;
10　　end if
11　end

算法 4.1 迭代算法

Input: Initialize β, ξ, ε and $n=1$. Calculate $\nabla_{\beta n}$ and $\nabla_{\xi n}$;
1　while $|\nabla_{\beta n}|>\varepsilon$ or $|\nabla_{\xi n}|>\varepsilon$ do
2　　If $|\nabla_{\beta n}|\leqslant \varepsilon$ then
3　　　$\beta^*=\beta_n$;
4　　else
5　　　Calculate $\mu_{\beta n}$ and $\beta_{n+1}=\beta_n+\mu_{\beta n}\nabla_{\beta n}$;
6　　end if
7　　If $|\nabla_{\xi n}|\leqslant \varepsilon$ then
8　　　$\xi^*=\xi_n$;
9　　else
10　　　Calculate $\mu_{\xi n}$ and $\xi_{n+1}=\xi_n+\mu_{\xi n}\nabla_{\xi n}$;
11　　end if
12　　$n=n+1$;
13　end
14　Calculate $P_s(\beta^*,\xi^*)$ and $\mathcal{T}_a(\beta^*,\xi^*)$;
15　reture β^*,ξ^*,$P_s(\beta^*,\xi^*)$ and $\mathcal{T}_a(\beta^*,\xi^*)$

算法 4.2　梯度下降算法

2. 最优条件

引入拉格朗日乘子 μ_1、μ_2、μ_3 和 μ_4，则公式（4-58）的拉格朗日函数为：

$$\mathcal{L}(\beta,\xi,\mu) = P_s - \frac{q}{\theta_{ee}}\mathcal{T}_a + \mu_1\beta + \mu_2(1-\beta) + \mu_3\xi + \mu_4(1-\xi) \quad (4\text{-}59)$$

最优方案必须满足 Karush-Kuhn-Tuchker（KKT）条件[165]。KKT 条件为：

$$\frac{\partial \mathcal{L}(\beta^*,\xi^*,\mu^*)}{\partial \beta} = \frac{\partial \bar{U}(\beta^*,\xi^*)}{\partial \beta} + \mu_1^* - \mu_2^* = 0 \quad (4\text{-}60)$$

$$\frac{\partial \mathcal{L}(\beta^*,\xi^*,\mu^*)}{\partial \xi} = \frac{\partial \bar{U}(\beta^*,\xi^*)}{\partial \xi} + \mu_3^* - \mu_4^* = 0 \quad (4\text{-}61)$$

互补松弛条件为：

$$\mu_1^*\beta^*=0, \mu_2^*(1-\beta^*)=0, \mu_3^*\xi^*=0, \mu_4^*(1-\xi^*)=0 \quad (4\text{-}62)$$

$$\mu_1^*,\mu_2^*,\mu_3^*,\mu_4^* \geqslant 0 \quad (4\text{-}63)$$

在系统联合 CRE 和 FeICIC 方案中，用户连接偏置 $\delta>1$，因此最优时间资源分配系数 ξ^* 必须满足 $0<\xi<1$。结合松弛条件，可得 $\mu_3=0$ 和 $\mu_4=0$。因此，

针对目标函数(4-50),参数 β、μ_1 和 μ_2 值的选择有三种情况。Ⅰ：$\beta=0$，$\mu_1\geqslant 0$；Ⅱ：$\beta=1$，$\mu_1=0$ 和 $\mu_2\geqslant 0$；Ⅲ：$0<\beta<1$，$\mu_1=0$ 和 $\mu_2=0$。下文利用梯度下降法获得每种情况下最优解,通过比较三个局部最优解,即可获得全局最优解。

4.4.4 梯度下降算法

1. 算法分析

优化算法包含两级嵌套过程,内层梯度算法针对每次外层迭代过程,求得最优 β 及 ξ,计算过程在算法 4.2 中详细描述。由于不能保证目标函数的凸性,本章利用次优方案代替全局最优方案。在内层梯度算法中,根据 Armijo 规则[166],设置步长值为 $\mu_n=\mu_0^m$。其中 $\mu_0\in[0.1\ 0.5]$,并且 m 是满足如下不等式的非负整数。

$$\bar{U}(\beta_n,\xi_n)-\bar{U}(\beta_{n+1},\xi_{n+1})\geqslant -\tau\mu_n[\nabla\beta_n\ \nabla\xi_n]^\mathrm{T}d_n \tag{4-64}$$

其中,τ 是一个常数,$\tau\in[10^{-5}\ 10^{-1}]$[166];$d_n$ 是梯度方向,$d_n=-[\nabla\beta_n\ \nabla\xi_n]^\mathrm{T}$,$[\cdot]^\mathrm{T}$ 是转置运算;$\nabla\beta_n$ 和 $\nabla\xi_n$ 是目标函数 $\bar{U}(\beta,\xi)$ 关于 β 和 ξ 的第 n^{th} 偏导数。∇_β 和 ∇_ξ 的计算在下文给出。

根据 β、μ_1 和 μ_2 的值有三种可能情况,下面针对两种场景进行计算。

Case 1：$0<\beta\leqslant 1$。

为了简化公式,定义函数如下：

$$\begin{aligned}
\Omega_i &= \Xi(1,\theta_i,t(y_i),\alpha)+\lambda Sp^{\frac{2}{\alpha}}\Xi\left(\frac{\delta}{\tau},\theta_\delta,\frac{t(y_i)}{\beta},\alpha\right) \\
\Omega_e &= \Xi(1,\theta_e,t(y_e),\alpha)+\lambda Sp^{\frac{2}{\alpha}}\Xi(\delta,\theta_{\bar{\delta}},t(y_e),\alpha) \\
\Omega'_e &= \Xi(1,\theta_e,t(y_e),\alpha)+\lambda Sp^{\frac{2}{\alpha}}\left[\left(\frac{\delta}{\tau}\right)^{\frac{2}{\alpha}}-\delta^{\frac{2}{\alpha}}+\Xi(\delta,\theta_{\bar{\delta}},t(y_e),\alpha)\right] \\
\Omega_{\bar{\delta}} &= \Xi(1,\theta_{\bar{\delta}},t(y_{\bar{\delta}}),\alpha)+\frac{1}{\lambda S}\left(\frac{1}{p}\right)^{\frac{2}{\alpha}}\Xi(1,\theta_e,t(y_{\bar{\delta}}),\alpha) \\
\Omega_\delta &= \Xi(1,\theta_\delta,t(y_\delta),\alpha)+\frac{1}{\lambda S}\left(\frac{1}{p}\right)^{\frac{2}{\alpha}}\Xi\left(\frac{1}{\delta},\theta_i,\beta t(y_\delta),\alpha\right) \\
\Omega'_\delta &= \Xi(1,\theta_\delta,t(y_\delta),\alpha)+\frac{1}{\lambda S}\left(\frac{1}{p}\right)^{\frac{2}{\alpha}}\left[1-\left(\frac{1}{\delta}\right)^{\frac{2}{\alpha}}+\Xi\left(\frac{1}{\delta},\theta_i,\beta t(y_\delta),\alpha\right)\right]
\end{aligned} \tag{4-65}$$

因为 $T_a = \lambda_u v \sum_l \eta_l$，首先推导 η_l 关于 β 的偏导数。

$$\frac{\partial \eta_i}{\partial \beta} = \sum_{n \geq 1} \psi_i(n) \frac{2\lambda S p^{\frac{2}{\alpha}}}{\alpha \beta \Omega_i^2} \left[\Xi\left(\frac{\delta}{\tau}, \theta_\delta, \frac{t(y_i)}{\beta}, \alpha\right) + \left(\frac{\tau t(y_i) \theta_\delta}{\delta \beta + \tau t(y_i)} - 1\right)\left(\frac{\delta}{\tau}\right)^{\frac{2}{\alpha}} \right]$$

$$\frac{\partial \eta_e}{\partial \beta} = 0, \frac{\partial \eta_{\bar{\delta}}}{\partial \beta} = 0$$

$$\frac{\partial \eta_\delta}{\partial \beta} = \sum_{n \geq 1} \psi_\delta(n) \frac{2\Omega_2 p^{-\frac{2}{\alpha}}}{\alpha \lambda S} \left\{ \frac{\theta_i t(y_\delta) \delta^{1-\frac{2}{\alpha}}}{1 + \delta \beta t(y_\delta)} + \left[\Xi\left(\frac{1}{\delta}, \frac{\theta_i}{\beta}, \beta t(y_\delta), \alpha\right) - \left(\frac{1}{\delta}\right)^{\frac{2}{\alpha}} \right] \right\}$$

（4-66）

其中，$\Omega_2 = \frac{1}{\Omega_\delta'^2} - \frac{1}{\Omega_\delta^2}$。定义 $\Xi(a, b, ct(y_l), \alpha)$ 关于 ξ 的偏导数为 $f(a, b, y_l, c)$，则

$$f(a, b, y_l, c) = \frac{\partial \Xi(a, b, ct(y_l), \alpha)}{\partial \xi}$$

$$= \frac{2 b y_l 2^{y_l} \ln 2}{\alpha t_l} \left[\frac{\Xi(a, 1, ct(y_l), \alpha) - a^{\frac{2}{\alpha}}}{t(y_l)} + \frac{c a^{\frac{2}{\alpha}}}{a + ct(y_l)} \right] \quad (4\text{-}67)$$

其中，当 $l \in \{i, \delta\}$ 时，$T_l = -\xi$，否则 $T_l = 1 - \xi$。η_l 关于 ξ 的偏导数为：

$$\frac{\partial \eta_i}{\partial \xi} = -\sum_{n \geq 1} \psi_i(n) \frac{f(1, \theta_i, y_i, 1) + \lambda S p^{\frac{2}{\alpha}} f\left(\frac{\delta}{\tau}, \theta_\delta, y_i, \frac{1}{\tau}\right)}{\Omega_i^2} \quad (4\text{-}68)$$

$$\frac{\partial \eta_e}{\partial \xi} = \sum_{n \geq 1} \psi_e(n) \Omega_1 \left[f(1, \theta_e, y_e, 1) + \lambda S p^{\frac{2}{\alpha}} f(\delta, \theta_{\bar{\delta}}, y_e, 1) \right] \quad (4\text{-}69)$$

$$\frac{\partial \eta_{\bar{\delta}}}{\partial \xi} = -\sum_{n \geq 1} \psi_{\bar{\delta}}(n) \frac{f(1, \theta_{\bar{\delta}}, y_{\bar{\delta}}, 1) + \frac{1}{\lambda S}\left(\frac{1}{p}\right)^{\frac{2}{\alpha}} f(1, \theta_e, y_{\bar{\delta}}, 1)}{\Omega_{\bar{\delta}}^2} \quad (4\text{-}70)$$

$$\frac{\partial \eta_\delta}{\partial \xi} = \sum_{n \geq 1} \psi_\delta(n) \Omega_2 \left[f(1, \theta_\delta, y_\delta, 1) + \frac{1}{\lambda S}\left(\frac{1}{p}\right)^{\frac{2}{\alpha}} f\left(\frac{1}{\delta}, \theta_i, y_\delta, \beta\right) \right] \quad (4\text{-}71)$$

其中，$\Omega_1 = \frac{1}{\Omega_e'^2} - \frac{1}{\Omega_e^2}$。$T_a$ 关于 β 和 ξ 的一阶偏导数为 $\frac{\partial T_a}{\partial \beta} = \lambda_u v \sum_l \frac{\partial \eta_l}{\partial \beta}$ 和 $\frac{\partial T_a}{\partial \xi} = \lambda_u v \sum_l \frac{\partial \eta_l}{\partial \xi}$。功率消耗 P_s 的偏导数为：

$$\frac{\partial P_s}{\partial \beta} = \lambda_1 \omega_i \xi P_1^{max} / \eta_1 \qquad (4\text{-}72)$$

$$\frac{\partial P_s}{\partial \xi} = \lambda_1 (\omega_i \beta - \omega_e) P_1^\rho + \lambda_2 (\omega_\delta - \omega_{\bar{\delta}}) P_2^{max} / \eta_2 +$$

$$\lambda_1 (\omega_i - \omega_e) P_1^{bb'} + \lambda_2 (\omega_\delta - \omega_{\bar{\delta}}) P_2^{bb'} \qquad (4\text{-}73)$$

因此，计算公式 $\nabla_\beta = \frac{\partial P_s}{\partial \beta} - \frac{q}{\theta_{ee}} \frac{\partial \mathcal{T}_a}{\partial \beta}$ 和 $\nabla_\xi = \frac{\partial P_s}{\partial \xi} - \frac{q}{\theta_{ee}} \frac{\partial \mathcal{T}_a}{\partial \xi}$ 即可获得 ∇_β 和 ∇_ξ。

Case 2：$\beta = 0$。

$\beta = 0$ 对应 eICIC 方案，即宏蜂窝静默比例为 ξ 的系统资源。根据文献[93]相应网络吞吐量可计算为：

$$\begin{aligned}\mathcal{T}_a &= \lambda_u v \left[\mathcal{A}_1 \mathcal{P}_{r1}(v) + \mathcal{A}_{\bar{\delta}} \mathcal{P}_{r\bar{\delta}}(v) + \mathcal{A}_\delta \mathcal{P}_{r\delta}(v) \right] \\ &= \lambda_u v \sum_{n \geq 1} \left[\frac{\psi_1(n)}{\Omega_1} + \frac{\psi_{\bar{\delta}0}(n)}{\Omega_{\bar{\delta}0}} + \psi_\delta(n) \left(\frac{1}{\Omega_{\delta 0}} - \frac{1}{\Omega'_{\delta 0}} \right) \right] \end{aligned} \qquad (4\text{-}74)$$

$\psi_1(n)$ 的计算式可参考[93，Lemma 3]。Ω_1，$\Omega_{\bar{\delta}0}$，$\Omega_{\delta 0}$ 和 $\Omega'_{\delta 0}$ 可分别计算为：

$$\Omega_1 = \Xi(1, \theta_1, t(y_1), \alpha) + \lambda \mathcal{S} p^{\frac{2}{\alpha}} \Xi(\delta, \theta_{\bar{\delta}}, t(y_1), \alpha) \qquad (4\text{-}75)$$

$$\Omega_{\bar{\delta}0} = \Xi(1, \theta_{\bar{\delta}}, t(y_{\bar{\delta}}), \alpha) + \frac{1}{\lambda \mathcal{S}} \left(\frac{1}{p} \right)^{\frac{2}{\alpha}} \Xi(1, \theta_1, t(y_{\bar{\delta}}), \alpha) \qquad (4\text{-}76)$$

$$\Omega_{\delta 0} = \Xi(1, \theta_\delta, t(y_\delta), \alpha) + \frac{1}{\lambda \mathcal{S}} \left(\frac{1}{\delta p} \right)^{\frac{2}{\alpha}} \qquad (4\text{-}77)$$

$$\Omega'_{\delta 0} = \Xi(1, \theta_\delta, t(y_\delta), \alpha) + \frac{1}{\lambda \mathcal{S}} \left(\frac{1}{p} \right)^{\frac{2}{\alpha}} \qquad (4\text{-}78)$$

定义 $\eta_{l'} = \mathcal{A}_{l'} \mathcal{P}_{rl'}(v)$，$l' \in \{1, \bar{\delta}, \delta\}$，$\mathcal{T}_a = \lambda_u v \sum_{l'} \eta_{l'}$。$\eta_{l'}$ 可计算为：

$$\frac{\partial \eta_1}{\partial \xi} = \sum_{n \geq 1} \psi_1(n) \frac{f(1, \theta_1, y_1, 1) + \lambda \mathcal{S} p^{\frac{2}{\alpha}} f(\delta, \theta_{\bar{\delta}}, y_1, 1)}{\Omega_1^2} \qquad (4\text{-}79)$$

$$\frac{\partial \eta_{\bar{\delta}}}{\partial \xi} = -\sum_{n \geq 1} \psi_{\bar{\delta}}(n) \frac{f(1, \theta_{\bar{\delta}}, y_{\bar{\delta}}, 1) + \frac{1}{\lambda \mathcal{S}} \left(\frac{1}{p} \right)^{\frac{2}{\alpha}} f(1, \theta_1, y_{\bar{\delta}}, 1)}{\Omega_{\bar{\delta}0}^2} \qquad (4\text{-}80)$$

$$\frac{\partial \eta_\delta}{\partial \xi} = \sum_{n \geq 1} \psi_\delta(n) f(1, \theta_\delta, y_\delta, 1) \left(\frac{1}{\Omega'^2_{\delta 0}} - \frac{1}{\Omega^2_{\delta 0}} \right) \qquad (4\text{-}81)$$

P_s 的偏导数为：

$$\frac{\partial P_s}{\partial \xi} = \lambda_2(\omega_\delta - \omega_{\bar{\delta}})(P_2^\rho + P_2^{bb'}) - \lambda_1 \omega_1 (P_1^\rho + P_1^{bb'}) \quad (4-82)$$

通过计算 $\nabla_\xi = \frac{\partial P_s}{\partial \xi} - \frac{q}{\theta_{ee}} \frac{\partial T_a}{\partial \xi}$，即可获得 ∇_ξ 的值。

2. 复杂度分析

根据文献[165]提出的复杂度衡量方法，提出算法的计算复杂度近似为 $O(M\log_2(\max(\Delta\beta,\Delta\xi)/\varepsilon))$，其中 M 为外层算法迭代次数。$\Delta\beta = \nabla_{\beta U} - \nabla_{\beta L}$ 和 $\Delta\xi = \nabla_{\xi U} - \nabla_{\xi L}$ 分别是 β 和 ξ 低边界和高边界之间的跨度范围。ε 是计算精度要求。总体上，两级嵌套算法计算复杂度较低。

4.5 数值结果与讨论

在本节中，首先利用蒙特卡洛仿真验证解析结果的紧致性。其次，分析用户连接偏置、功率控制因子及资源分配系数等对网络速率覆盖的影响。最后分析提出算法的性能，给出 SE-EE 资源分配最优方案并分析网络各参数对网络性能的影响。

4.5.1 仿真验证

基于 Macro-Pico 构成的两层异构蜂窝网络，仿真面积为 $10 \times 10 \text{ km}^2$。每层基站和用户位置服从独立的泊松点过程分布。除非特别申明，网络参数设置为：用户最低服务质量 $v = 500\,\text{Kbps}$，路径损耗指数 $\alpha_1 = 3.5$，$\alpha_2 = 4$，对数正态阴影衰落均值和标准方差 $\{\varepsilon_1,\varepsilon_2,\sigma_1,\sigma_2\} = \{0,0,3.5,4.6\}\,\text{dB}$，区域控制因子 $\tau = -7\,\text{dB}$，频谱和能量效率权重参数 $\theta_{se} = 10^{-6}$，$\theta_{ee} = 3\times 10^5$。其他相关参数设置如表格 3-1[130]所示。

首先验证网络总体 SINR 覆盖解析表达式（4-22）的准确性，如图 4.2 所示（$\beta = 0.02$，$S = 10$，$\delta = 10\,\text{dBdB}$）。从图中可看出 SINR 解析结果较好地匹配了蒙特卡洛仿真。仿真和解析结果间的误差是由于蜂窝面积的近似运算所致。此外，从图中可以看出，由于宏基站的低功率传送对 Pico 蜂窝扩张区域产生一定干扰，相对于 eICIC 方案，基于 FeICIC 方案异构网络 SINR 覆盖性能有所下降。

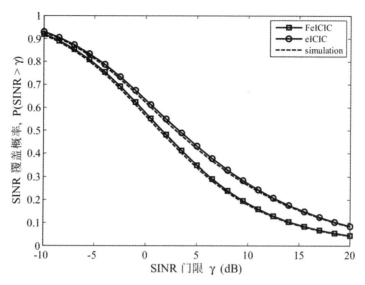

图 4.2 FeICIC 异构网络 *SINR* 覆盖解析结果验证

速率覆盖解析表达式（4-39）和（4-33）的紧致性分别在图 4.3（a）和图 4.3（b）中得到验证。图 4.3（b）的参数设置为 $\beta=0.02, \xi=0.6, \delta=10\,\text{dB}$。从图 4.3（a）和图 4.3（b）中可看出，回程链路容量对网络速率性能有明显的影响。回程容量越低速率覆盖性能越差。

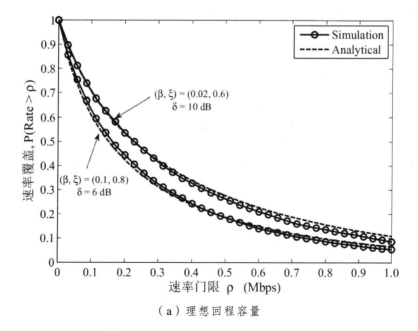

（a）理想回程容量

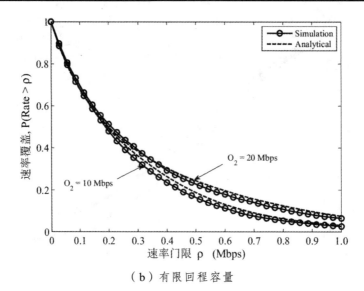

（b）有限回程容量

图 4.3 FeICIC 异构网络速率覆盖解析结果验证

4.5.2 性能评估

图 4.4（a）调查了用户连接偏置对网络速率覆盖性能的影响，其中 $\beta=0.02$，$\xi=0.4$，$\rho=200\,\text{kbps}$。从图中可以清晰地观察到 Backhaul 容量对速率覆盖性能有显著的影响，回程容量越小，覆盖性能越差。此外，注意到最优的用户连接偏置 δ 随着小蜂窝回程容量的增加而增大，因为较高的回程容量可支持较多用户的数据传输。

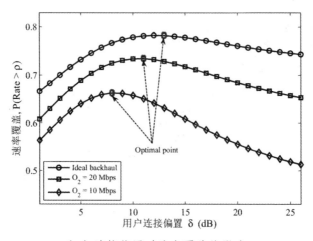

（a）连接偏置对速率覆盖的影响

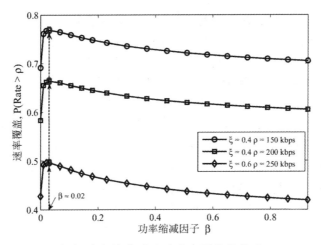

（b）功率缩减因子对速率覆盖的影响

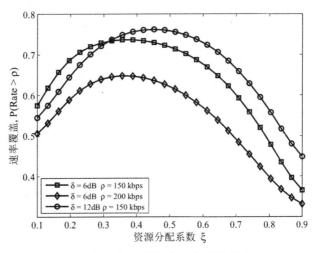

（c）资源分配系数对速率覆盖影响

图 4.4 连接偏置、功率控制因子及资源分配系数对速率覆盖的影响

图 4.4（b）调查了功率缩减因子对速率覆盖性能的影响。在不同的资源分配系数 ξ 和速率门限 ρ 条件下，功率缩减因子 β 对速率覆盖性能的影响呈现相似的趋势。特别地，$\beta=0$ 对应于 eICIC 方案。β 从 0 逐渐增加时，速率覆盖性能迅速增加。这是因为宏蜂窝在比例为 ξ 的部分时间内，复用了系统频谱资源对内部区域 C_i 用户进行服务，明显改善了内部区域用户性能。随着 β 的不断增加并超过一定门限值时，由于小蜂窝扩张区域 C_δ 用户承受宏蜂窝干扰逐渐增强，宏蜂窝内部区域性能的提升和扩张区域用户性能的下降达到

平衡之后，覆盖性能随着功率缩减因子的增加而不断下降。此外，观察到在不同的 ξ 和 ρ 情况下，最优功率缩减因子约为 $\beta = 0.02$。相对于增强型干扰协调 eICIC 方案，FeICIC 方案可明显提升网络速率覆盖性能。

图 4.4（c）研究了资源分配系数 ξ 对速率覆盖的影响。从图中可以观察到在给定的用户连接偏置 δ 和速率门限 ρ 条件下，存在最优的资源分配系数 ξ。而且最优资源分配系数随着用户连接偏置 δ 的增加而增大。这是因为连接偏置越大，小蜂窝扩展用户数量越多，因此小蜂窝扩张区域需要分配更多的无线资源。

本章提出了两级嵌套迭代算法解决非凸优化问题。图 4.5（a）和（b）调研了该算法的收敛性。从图中可以看出，算法 4.1 在不同的 κ 和 λ_2 条件下均能快速收敛。算法 4.2 同样具有快速收敛特性，并且快速收敛特性对迭代的起始点不敏感。

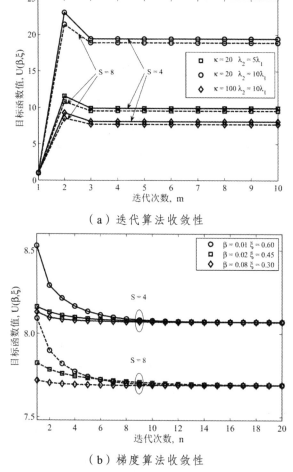

（a）迭代算法收敛性

（b）梯度算法收敛性

图 4.5 迭代和梯度下降算法的收敛性

本节进一步调查最优资源分配方案，设定 $\alpha_1 = \alpha_2 = 4$。图 4.6 展示了目标函数关于 (β,ξ) 变化的函数值，其中最优的 SE、EE 和 SE-EE 折中最优资源分配方案分别为 $(0.04,0.35)$，$(0.025,0.6)$ 和 $(0.035,0.40)$。为了验证算法的有效性，采用穷举搜索方法获得全局最优方案，经过比较后发现，利用提出算法获得的次优方案与全局最优方案非常接近。注意到相比于 SE 最优化资源分配方案，SE-EE 折中最优方案具有较小的 β 和较大的 ξ。这是因为降低 β 并适当增加 ξ 有利于降低网络能量消耗，尽管降低了宏蜂窝内部区域吞吐量，但增加了小蜂窝扩张区域吞吐量，从而平衡了总体吞吐量。

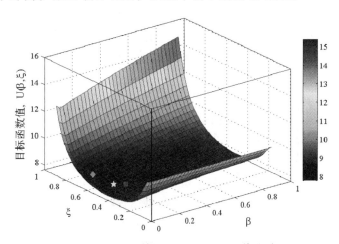

图 4.6 目标函数值及资源分配最优方案

图 4.7 研究了基站休眠方案异构网络能量效率性能，并与传统基站休眠

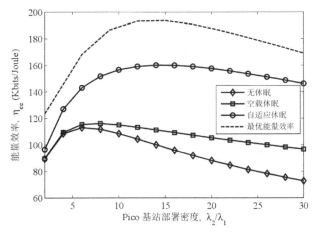

图 4.7 基于不同休眠技术网络能量效率性能比较

及无休眠工作方案进行比较，参数配置为 $\delta = 10\,\text{dB}$ 且 $(\beta,\xi) = \{0.02, 0.6\}$。从图中可以观察到基于传输需求的自适应基站休眠方案具有较好的能量效率性能。这是由于基站根据蜂窝传输用户的数量灵活地分配频谱资源，在网络硬件基站组件化设计的基础上，自适应基站休眠方案可有效降低网络能量消耗。此外，注意到在一定传输需求条件下，低功率基站存在最优部署密度。此外，相比于空载休眠方案，自适应基站休眠方案可获得显著的能量效率性能增益，通过配置最优的功率控制因子 β、资源分配系数 ξ 及子信道数量 S，网络能量效率性能增益进一步提高，最高可达 75%。

由于 EE 最优将导致 SE 下降，进一步研究 SE-EE 折中资源分配对频谱效率性能的影响。在配置最优 β、ξ 及 S 条件下，图 4.8 显示了权重系数 κ 及基站部署密度对频谱效率的影响，其中最优子信道数量 S 通过一维搜索的方式获得，连接偏置 $\delta = 10\,\text{dB}$。从图中可以清晰地观察到，权重系数 κ 越大，SE 性能越好。在 $\kappa = 0$ 情况下，即网络配置以最大化 EE 为目标，SE 性能损耗为 14%。考虑到能量效率最优的网络不能保障网络中断速率 ρ_{95}（中断速率是指 95% 的网络用户可达到的传输速率，即 $\mathcal{P}(\rho_{95} = 0.95)$，图 4.9 进一步分析了网络达到最优能量效率性能的中断速率。一方面，随着小蜂窝密度的增加，网络能量效率起初增加，达到最优部署密度之后逐渐下降。起初的增加是因为低功率基站密度增大，改善了网络可达吞吐量；另一方面，由于宏用户的卸载，降低了宏基站功率消耗。当低功率基站密度增加到一定门限值之后，由于低功率基站的功率消耗突出，能量效率逐渐下降。此外，由于频谱空间复用率随着基站密度增加而提高，中断速率随着基站部署密度而线性增加。

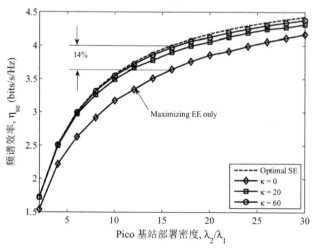

图 4.8 Pico 基站密度和权重系数对最优频谱效率的影响

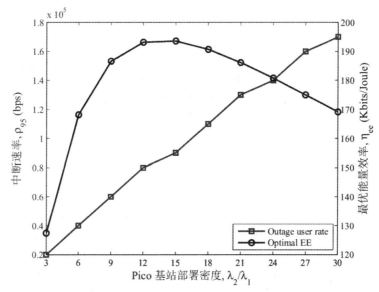

图 4.9 Pico 基站密度对中断速率和最优能量效率的影响

4.6 本章小结

本章首先针对两层异构网络场景，基于 FeICIC 和 CRE 联合方案，在考虑了蜂窝负载分布的基础上，合理建立了基站干扰模型，利用随机几何理论推导了回程受限异构网络 *SINR* 覆盖及速率覆盖性能的解析表达式，并通过蒙特卡洛仿真验证解析结果的准确性。基于解析结果，进一步分析网络各参数对网络速率覆盖性能的影响，并验证 FeICIC 方案比传统的 eICIC 方案更优，同时证明适当配置网络参数有利于提升网络速率性能。其次，基于给定网络传输需求，推导两层异构网络频谱效率和能量效率解析表达式。为了创建频谱和能量有效异构网络，针对频谱和能量效率多目标联合优化问题，提出 Dinkelbach 迭代和梯度下降联合优化算法，获得频谱和能量效率折中的资源分配联合优化方案。数值结果表明，能量有效的低功率基站存在最优部署密度。基于本章提出的资源分配方案，资源分配联合优化方案可获得显著的性能增益，其中能量效率性能增益最高可达到 75%。此外，实验表明能量效率性能的改善将导致频谱效率性能的下降，当 FeICIC 异构网络能量效率达到最优时，频谱效率损耗不明显，最高不超过 14%。

第 5 章　跨层协作异构网络性能分析及用户连接策略研究

5.1　引　言

针对异构网络同信道严重干扰问题，前文基于小区范围扩张技术，分别联合频域子信道分配和 FeICIC 方案对异构网络性能及最优资源分配方案展开研究。在干扰协调异构网络中，每个网络用户均由单个基站提供服务。联合多个基站同时为用户提供服务的方式，即基站协作是消除异构网络干扰的另一种重要方案。CoMP 是基站协作的典型实现形式[100,167,168]，利用基站间的 Backhaul 链路进行信令交互从而消除干扰，实现网络性能的显著提升[169,170]。不同于干扰协调方案，协作多点传输网络无须所有基站实行子帧同步传送，而且低功率基站的密集部署为协作传输方案的实施提供了便利条件。考虑到协作传输会产生明显回程容量消耗，位置感知跨层协作（Cross-Tier-Cooperation，CTC）是解决同信道部署异构网络跨层干扰问题的有效方案，即位于宏蜂窝及小蜂窝边缘区域用户，采用跨层协作传输模式。当用户位于宏蜂窝或小窝中心区域时，则运行在传统的非协作模式。网络协作范围越大，性能增益越明显，但 Backhaul 容量需求越高。但在实际异构网络中，如何适当选择协作传输范围仍不明确，本章将回答该亟待解决的问题。

为了适应数据传输需求的快速增长，未来蜂窝网络将致密化部署低功率节点（Low Power Nodes，LPNs），形成超密集异构网络（Ultra-Dense HetNets，UDHs）。在这种 UDHs 场景中，除了同信道跨层干扰外，密集小蜂窝间的干扰问题突出，联合宏蜂窝和多个小蜂窝形成跨层群簇协作具有重要意义。由于基站回程容量有限，协作群簇中基站数量越多则回程约束越明显，从而成功传输概率越低。在回程容量给定的基础上，研究最优群簇大小至关重要。

本章采用 PPPs 建模网络访问节点和用户位置分布，能有效捕捉低功率节点部署及用户分布的随机特性。假定网络访问节点均通过有线或无线回程链路连接到计算中心，形成 H-CRAN 架构[42,173]。首先针对相对稀疏网络场景，基于位置感知跨层协作传输方案，利用随机几何理论推导稀疏异构网络 SINR

覆盖及遍历速率性能解析表达式,并分析协作范围对网络性能的影响,研究最优跨层协作方案。其次,针对超密集 LPNs 部署异构场景,推导网络 *SINR* 覆盖及遍历容量性能解析表达式,量化群簇协作基站回程容量需求,推导成功传输概率及有效遍历容量[172]解析式,同时研究最优协作群簇大小。

本章组织结构如下:5.2 节介绍异构网络位置感知跨层协作传输及超密集异构云网络群簇协作系统模型。5.3 节针对稀疏异构网络,基于位置感知跨层协作方案,推导网络 *SINR* 覆盖及遍历容量解析表达式。进一步针对超密集异构云网络场景,基于跨层群簇协作方案,推导网络 *SINR* 覆盖及 *Backhaul* 容量需求、成功服务概率及有效遍历容量解析表达式。5.4 节验证解析结果,分析网络各参数对网络性能的影响,并研究最优协作群簇方案。5.5 节总结本章内容。

5.2 系统模型

5.2.1 位置感知跨层协作

首先考虑由 Macro 基站和 Pico 基站构成的稀疏异构网络下行链路场景。第 k($k=1,2$)层基站位置建模强度为 λ_k 独立 PPP,标注为 Φ_k。不失通用性,假定 Macro 基站为第 1 层,Pico 基站构成的 LPNs 为第 2 层。P_1 及 P_2 分别表示宏基站和微微基站的发射功率。假定典型用户 u 位于网络原点中心,则典型用户接收距离原点 x 处基站的功率为 $P(x_k) = P_k H_x \mathcal{X}_k x^{-\alpha_k}$,其中 H_x 建模为瑞利衰落,$H_x \sim \exp(1)$;$\mathcal{X}_k$ 建模为第 k 层阴影衰落,服从对数正态分布,$\mathcal{X}_k = 10^{X_k/10}$,$X_k \sim \mathcal{N}(\varepsilon_k, \sigma_k^2)$,其中 ε_k 和 σ_k^2 分别表示阴影衰落的均值和方差;α_k 为第 k 层网络路径损耗指数。使用高斯分布的矩生成函数,可得
$$\mathbb{E}[\mathcal{X}_k^{2/\alpha_k}] = \exp\left(\frac{\ln 10}{5}\frac{\varepsilon_k}{\alpha_k} + \frac{1}{2}\left(\frac{\ln 10}{5}\frac{\sigma_k}{\alpha_k}\right)^2\right).$$

基于假定的系统模型,典型用户接收信号可计算为:

$$\underbrace{\sum_{x \in \mathcal{B}} \frac{\sqrt{P_k} h_x}{\|\tilde{x}\|^{\frac{\alpha_k}{2}}} w_x X}_{\text{desired signal}} + \underbrace{\sum_{j=1}^{2} \sum_{y \in \Phi_j \setminus \mathcal{B}} \frac{\sqrt{P_j} g_y}{\|\tilde{y}\|^{\frac{\alpha_j}{2}}} w_y Y}_{\text{interference signal}} + Z \quad (5\text{-}1)$$

其中,$\mathcal{B}$ 表示服务基站,服务基站可能是宏基站、微微基站或者是由宏基站与微微基站协作服务;Φ_j 是干扰基站集合;h_x 和 g_y 是瑞利信道衰落系数;

假定信道状态信息（Channel Status Information，CSI）未知，因此预编码 $w_x = w_y = 1$；X 和 Y 分别表示服务基站和干扰基站传送的信道输入符号，并假定为独立的零均值单位方差随机变量；可加性高斯白噪声 $Z \sim \mathcal{CN}(0, \sigma^2)$。典型用户获得的 SINR 计算为：

$$SINR(\mathcal{B}) = \frac{\left|\sum_{x \in \mathcal{B}} \sqrt{P_k} h_x \|\tilde{x}\|^{-\frac{\alpha_k}{2}}\right|^2}{\sum_{j=1}^{2} \sum_{y \in \Phi_j \setminus \mathcal{B}} P_j |g_y|^2 \|\tilde{y}\|^{-\alpha_j} + \sigma^2} \quad (5\text{-}2)$$

假定每个活跃基站总是有数据传送给每个连接用户，典型用户 u ($u \in C_l$) 的信道容量可计算为：

$$R_l = \log(1 + SINR_l), \forall l \in \{m, p, o\} \quad (5\text{-}3)$$

1. 跨层协作及用户连接

典型用户是否处于协作传输服务模式中取决于用户接收 SINR 性能的好坏，即当用户位于蜂窝中心区域时，处于非协作传输模式，由单个接收信号最强基站提供服务。反之，当用户位于蜂窝边缘时，则用户处于协作传输模式，由两个最靠近的跨层基站通过协作传输提供服务。

稀疏异构网络蜂窝覆盖及协作模式如图 5.1 所示。图中阴影面积为协作

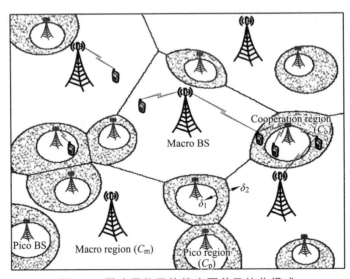

图 5.1　稀疏异构网络蜂窝覆盖及协作模式

区域（C_o），C_o 区域环绕 Pico 基站。C_o 的面积大小通过两个协作因子 δ_1（$\delta_1>1$）和 δ_2（$\delta_2>1$）进行调节。协作因子 δ_1（δ_2）的值越大，则协作区域 C_o 的范围越大。位于宏区域（C_m）用户由最接近的宏基站提供服务。位于微区域（C_p）用户由最近的 Pico 基站提供服务。位于协作区域 C_o 的用户，则由每层最近的基站通过联合传输方式提供服务。在协作传输模式下，基站通过 Backhaul 交换信息将最强干扰信号变成有用信号。

阴影衰落对用户连接的影响可视为基站位置分布的随机替换[148]，具体内容在如下引理中介绍。

引理 5.1 对于强度为 λ_k 的齐次 PPP $\Phi_k \subset \mathbb{R}^2$，假如每个点 $x \in \Phi_k$ 转变为 $y \in \mathbb{R}^2$，则 $y = \mathcal{X}_k^{-\frac{1}{\alpha}} x$，其中 $\mathcal{X}_k$ 是 i.i.d.，且 $\mathbb{E}\mathcal{X}_k^{\frac{2}{\alpha}} < \infty$，则新的点过程 $\Phi_k^s \subset \mathbb{R}^2$ 也同样服从齐次 PPP 分布，其分布强度为 $\lambda_k^s = \lambda_k \mathbb{E}\mathcal{X}_k^{\frac{2}{\alpha}}$。

证明：详细证明过程参考文献[148]推论 3。

使用 R_k 表示典型用户与第 k 层服务基站之间的距离。用户连接考虑阴影衰落的影响，定义 $\tilde{R}_k = \mathcal{X}_k^{-1/\alpha_k} R_k^{-\alpha_k}$。如果 $P_1 \tilde{R}_1^{-\alpha_1} > \delta_2 P_2 \tilde{R}_2^{-\alpha_2}$，则典型用户位于 C_m 区域，连接到提供信号最强的 Macro 基站。如果 $P_2 \tilde{R}_2^{-\alpha_2} > \delta_1 P_1 \tilde{R}_1^{-\alpha_1}$，则典型用户位于 C_p 区域，连接到提供信号最强的 Pico 基站，否则用户连接到协作区域 C_o。根据前文可知，阴影衰落的影响可视原点过程 Φ_k 为新点过程 Φ_k^s。Φ_k^s 仍然服从 PPP 分布，分布强度为 $\lambda_k^s = \lambda_k \mathbb{E}[\mathcal{X}_k^{2/\alpha_k}]$。为书写方便，定义 $\mathcal{S}_k = \mathbb{E}[\mathcal{X}_k^{2/\alpha_k}]$。使用 $\mathcal{A}_l$ 标注 C_l（$l \in \{m, p, o\}$），连接概率 $\mathcal{A}_l$ 的解析表达式见如下引理。

引理 5.2（连接概率）用户连接概率，定义为 $\mathcal{A}_l = \mathbb{P}(u \in C_l)$，可计算为：

$$\mathcal{A}_m = 2\pi\lambda_1^s \int_0^\infty r \exp\left(-\pi\lambda_1^s r^2 - \pi\lambda_2^s \left(\frac{\delta_2 P_2}{P_1}\right)^{\frac{2}{\alpha_2}} r^{\frac{2\alpha_1}{\alpha_2}}\right) dr \quad (5\text{-}4)$$

$$\mathcal{A}_p = 2\pi\lambda_2^s \int_0^\infty r \exp\left(-\pi\lambda_2^s r^2 - \pi\lambda_1^s \left(\frac{\delta_1 P_1}{P_2}\right)^{\frac{2}{\alpha_1}} r^{\frac{2\alpha_2}{\alpha_1}}\right) dr \quad (5\text{-}5)$$

$$\mathcal{A}_o = 1 - \mathcal{A}_m - \mathcal{A}_p \quad (5\text{-}6)$$

证明：根据定义有 $\mathcal{A}_m = \mathbb{P}(P_1 \tilde{R}_1^{-\alpha_1} > \delta_2 P_2 \tilde{R}_2^{-\alpha_2})$，采用文献[83]相似的证明步骤，可获得公式（5-4）连接概率 $\mathcal{A}_m$。公式（5-5）可通过相似的方式获得。假如路径损耗指数相等，即 $\alpha_1 = \alpha_2 = \alpha$，则用户连接概率可简化为：

$$\mathcal{A}_m = \frac{\lambda_1^s P_1^{2/\alpha}}{\lambda_1^s P_1^{2/\alpha} + \lambda_2^s (\delta_2 P_2)^{2/\alpha}} \quad (5\text{-}7)$$

$$\mathcal{A}_p = \frac{\lambda_2^s P_2^{2/\alpha}}{\lambda_1^s (\delta_1 P_1)^{2/\alpha} + \lambda_2^s P_2^{2/\alpha}} \quad (5\text{-}8)$$

从公式 5-7 和公式 5-8 中看出，设置 δ_1 和 δ_2 的值为 1，则 $\mathcal{A}_m + \mathcal{A}_p = 1$。在这种情况下，网络用户均由提供信号最强的单个基站提供服务，相当于传统网络基于最大接收功率的用户连接策略。值得注意的是，如果不采用协作传输工作模式，$\delta_1 = 0 \text{ dB}$ 且 $\delta_2 > 0 \text{ dB}$，相当于异构网络小蜂窝范围扩张方案。在跨层协作传输方案中，随着 δ_1 和 δ_2 的不断增加，协作范围不断扩大。当 $\delta_1 \to \infty$ 且 $\delta_2 \to \infty$ 时，则网络每个用户均由跨层基站通过协作方式提供传输服务，即全跨层协作（Full Cross Tier Cooperation，F-CTC）方案。

2. 服务基站距离分布

$f_{R_o}(r)$ 表示典型用户到服务宏基站和微微基站的联合距离分布 PDF。相应地，$f_{R_m}(r)$ 和 $f_{R_p}(r)$ 分别表示宏（微微）用户到宏（微微）服务基站之间的距离分布 PDF。$f_{R_l}(r)$ 在如下引理中给出解析解。

引理 5.3 典型用户与服务基站之间的距离分布 PDF 为：

$$f_{R_m}(r) = \frac{2\pi \lambda_1^s}{\mathcal{A}_m} r \exp\left\{-\pi \left(\lambda_1^s r^2 + \lambda_2^s \left(\frac{\delta_2 P_2}{P_1}\right)^{\frac{2}{\alpha_2}} r^{\frac{2\alpha_1}{\alpha_2}}\right)\right\} \quad (5\text{-}9)$$

$$f_{R_p}(r) = \frac{2\pi \lambda_2^s}{\mathcal{A}_p} r \exp\left\{-\pi \left(\lambda_2^s r^2 + \lambda_1^s \left(\frac{\delta_1 P_1}{P_2}\right)^{\frac{2}{\alpha_1}} r^{\frac{2\alpha_2}{\alpha_1}}\right)\right\} \quad (5\text{-}10)$$

$$f_{R_o}(r) = \frac{4\pi^2 \lambda_1^s \lambda_2^s}{\mathcal{A}_o} r_1 r_2 \exp\left[-\pi (\lambda_1^s r_1^2 + \lambda_2^s r_2^2)\right] \quad (5\text{-}11)$$

其中，$r_1 \geq 0$ 并且 $\left(\frac{P_2}{\delta_1 P_1}\right)^{\frac{1}{\alpha_2}} r_1^{\frac{\alpha_1}{\alpha_2}} < r_2 < \left(\frac{\delta_2 P_2}{P_1}\right)^{\frac{1}{\alpha_2}} r_1^{\frac{\alpha_1}{\alpha_2}}$。

证明： 详细推导过程见引理 2.3。

5.2.2 以用户为中心跨层群簇协作

在密集部署低功率节点的异构网络环境中，典型用户承受邻近低功率基站干扰的问题突出。假设网络所有基站均可通过基带处理池共享用户数据信息。本系统执行以用户为中心，联合多个邻近基站形成协作群簇，对用户进行联合传输。由于宏基站邻近云处理中心，且配置专用光纤作为回程链路，因此，在如图5.2所示超密集异构云无线网络中，假定宏基站配置理想回程链路，而低功率基站通过有线或无线的方式连接到云处理中心，回程容量受限。

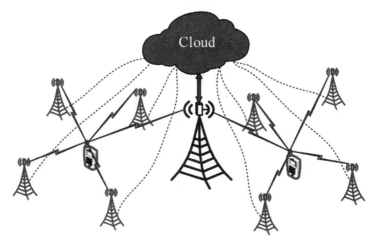

图5.2 超密集异构云无线访问网络用户连接

为捕捉基站部署的随机特性，第k（$k=1,2$）层基站位置建模为PPP Φ_k，分布强度为λ_k。用户位置服从独立PPP分布，密度为λ_u。由于低功率基站的超密集部署，因此用户密度和低功率节点部署密集相近。假定HPNs为层1，LPNs为层2。设定典型用户或典型基站位于原点中心，不失通用性，网络性能分析针对中心用户和基站进行。典型用户接收距离原点x处基站的功率为$P_k H_x x^{-\alpha_k}$，其中H_x建模为瑞利衰落，$H_x \sim \exp(1)$。α_k为第k层网络路径损耗指数。在基站超密集部署场景中，由于用户和服务基站之间的距离较近，因此超密集异构场景信道建模不考虑阴影衰落。

因为h_x变化的时间尺度较小，在频率选择性信道中被平均，假定瑞利衰落不影响协作基站的选择。协作群簇的选择由最靠近的宏基站和N个低功率访问点组成。则典型用户的$SINR$可计算为：

$$SINR(\mathcal{B}) = \frac{\left| \sum_{x \in \mathcal{B}} \sqrt{P_k} h_x \mathcal{X}_{kx} \|x\|^{-\frac{\alpha_k}{2}} \right|^2}{\sum_{j=1}^{2} \sum_{y \in \Phi_j \setminus \mathcal{B}} P_j \mathcal{X}_{jz} |g_z|^2 \|z\|^{-\alpha_j} + \sigma^2}$$

$$= \frac{\left| \sum_{x \in \mathcal{B}} \sqrt{P_k} h_x \|x\|^{-\frac{\alpha_k}{2}} \right|^2}{\sum_{j=1}^{2} \sum_{y \in \Phi_j \backslash \mathcal{B}} P_j |g_z|^2 \|z\|^{-\alpha_j} + \sigma^2} \quad (5\text{-}12)$$

其中 $\mathcal{B}$ 表示协作基站集合,因为超密集异构场景不考虑阴影衰落,因此阴影衰落系数 $\mathcal{X}_{kx} = 1$。

下文针对不同的群簇大小 N,分别推导服务基站统计距离。

① **Case 1**: $N=1$。

$N=1$ 相当于典型用户连接到每层提供信号最强的基站,即每个协作群簇包含一个宏基站和一个低功率基站。使用 r_1 表示典型用户与提供信号最强的宏基站之间的距离,使用 $r_{s,1}$ 表示典型用户与提供信号最强的低功率基站之间的距离。则 $\boldsymbol{r} = [r_1, r_{s,1}]$ 的联合概率密度函数 $f_{r_n}(\boldsymbol{r})$ 在如下引理中给出。

引理 5.4 使用 $r_1, r_{s,1}$ 依次表示典型用户与信号最强宏基站和低功率基站之间的距离,则 $\boldsymbol{r} = [r_1, r_{s,1}]$ 的联合 PDF 为:

$$f_{r_n}(\boldsymbol{r}) = (2\pi)^2 \lambda_1 \lambda_2 \exp\{-\pi(\lambda_1 r_1^2 + \lambda_2 r_{s,1}^2)\} r_1 r_{s,2} \quad (5\text{-}13)$$

其中,$0 < r_1 < \infty$,且 $0 < r_{s,1} < \infty$。

证明:因为宏基站层和低功率基站层相互独立,因此联合 PDF 可表示为 $f_{r_n}(\boldsymbol{r}) = f_1(r) f_{s,1}(r)$。其中,$f_1(r)$ 表示典型用户与提供信号最强的宏基站之间距离分布的 PDF,$f_{s,1}(\boldsymbol{r})$ 表示用户与提供信号最强的低功率节点距离分布 PDF。因为 $\mathbb{P}[\tilde{R} > r_1] = \mathbb{P}$ [在半径为 r_1 的圆形面积范围内无宏基站]$= \exp(-\pi \lambda_1 r_1^2)$,所以概率密度函数可计算为:

$$\begin{aligned} f_1(r) &= \frac{\mathrm{d}}{\mathrm{d}r}(1 - \mathbb{P}[\tilde{R} > r_1]) \\ &= 2\pi \lambda_1 r_1 \exp(-\pi \lambda_1 r_1^2) \end{aligned} \quad (5\text{-}14)$$

其中 $r_1 > 0$。同理可得 $f_{s,1}(r) = 2\pi \lambda_2 r_{s,1} \exp(-\pi \lambda_2 r_{s,1}^2)$。因此,

$$f_{r_n}(\boldsymbol{r}) = f_1(r) f_{s,1}(r) = (2\pi)^2 \lambda_1 \lambda_2 \exp\{-\pi(\lambda_1 r_1^2 + \lambda_2 r_{s,1}^2)\} r_1 r_{s,1} \quad (5\text{-}15)$$

其中,$r_1 > 0$ 且 $r_{s,1} > 0$。

② **Case 2**: $N \geqslant 2$。

每个协作群簇包含一个宏基站和 N 个低功率基站。使用 r_1 表示典型用户与提供信号最强的宏基站之间的距离,使用 $r_{s,1}, r_{s,2}, \cdots, r_{s,n}$ 依次表示典型用

户与第 N 个提供信号最强的低功率基站之间的距离。$\boldsymbol{r} = [r_1, r_{s,1}, r_{s,2}, r_{s,3}, \cdots, r_{s,n}]$ 的联合 PDF 在如下引理中给出。

引理 5.5 使用 $r_1, r_{s,1}, r_{s,2}, r_{s,3}, \cdots, r_{s,n}$ 依次表示典型用户与信号最强宏基站和第 n 个信号最强低功率基站之间的距离，则 $\boldsymbol{r} = [r_1, r_{s,1}, r_{s,2}, r_{s,3}, \cdots, r_{s,n}]$ 的联合 PDF 为：

$$f_{r_n}(\boldsymbol{r}) = (2\pi)^{n+1} \lambda_1 (\lambda_2)^n \exp\{-\pi(\lambda_1 r_1^2 + \lambda_n r_{s,n}^2)\} r_1 \prod_{n=1}^{N} r_{s,n} \qquad (5\text{-}16)$$

其中，$r_1 > 0$，且 $0 < r_{s,1} < r_{s,2} < \cdots < r_{s,n} < \infty$。

证明：$N = 1$ 场景对应 PDF 已在公式（5-15）中给出。当 $N = 2$ 时表示提供信号强度第二大低功率节点的位置在距离原点 $r_{s,2}$ 处，即在半径为 $r_{s,1}$ 和 $r_{s,2}$ 范围内无 LPN，从而条件 PDF 为：$f_{s,2|s,1}(r_{s,2} | r_{s,1}) = 2\pi\lambda_2 r_{s,2} \exp\{-\pi\lambda_2(r_{s,2}^2 - r_{s,1}^2)\}$。使用 Bayes 公式可以获得

$$\begin{aligned} f_{s,2}(\boldsymbol{r}) &= f_{s,2|s,1}(r_{s,2} | r_{s,1}) f_{s,1}(r) \\ &= (2\pi\lambda_2)^2 \exp\{-\pi\lambda_2 r_{s,2}^2\} r_{s,1} r_{s,2} \end{aligned} \qquad (5\text{-}17)$$

其中，$0 < r_{s,1} < r_{s,2} < \infty$。联合 PDF 为：

$$\begin{aligned} f_{r_n}(\boldsymbol{r}) &= f_1(r) f_{s,2}(\boldsymbol{r}) \\ &= (2\pi)^3 \lambda_1 (\lambda_2)^2 \exp\{-\pi(\lambda_1 r_1^2 + \lambda_2 r_{s,2}^2)\} r_1 r_{s,1} r_{s,2} \end{aligned} \qquad (5\text{-}18)$$

其中，$r_1 > 0$ 且 $0 < r_{s,1} < r_{s,2} < \infty$。

以此类推，可得典型用户与 N 个低功率基站距离分布联合 PDF 公式（5-16）。当网络用户仅连接到 LPNs 时，即基于同构小蜂窝密集部署网络，典型用户与 N 个 LPNs 距离的联合 PDF 为：$f_{r_n}(\boldsymbol{r}) = (2\pi\lambda_2)^n \exp\{-\pi\lambda_2 r_{s,n}^2\} r_{s,1} r_{s,2} \cdots r_{s,n}$。

5.3 性能分析

本节首先针对稀疏异构网络场景，基于位置感知跨层协作传输方案推导网络 SINR 覆盖及遍历容量解析表达式。其次，针对超密集 HCRAN 场景，以用户为中心，联合单个 HPN 和多个低功率节点形成协作群簇，推导网络 SINR 覆盖解析表达式。考虑到低功率基站回程容量受限的事实，针对低功率基站超密集部署场景，解析分析群簇协作低功率基站 Backhaul 容量需求、成功服务概率（Successful Serving Probability, SSP）以及有效遍历容量（Effective Ergodic Capacity，EEC）等性能。

5.3.1 SINR性能

1. 稀疏异构网络场景

使用 SINR 公式（5-2），对于给定的 SINR 门限 γ，典型用户条件 SINR 覆盖概率定义为 $\mathcal{P}_l(\gamma) = \mathbb{P}(SINR > \gamma \mid u \in C_l)$。根据总概率公式，网络总体 SINR 覆盖 $\mathcal{P}(\gamma)$ 可计算为：

$$\mathcal{P}(\gamma) = \sum_{l \in \{m,p,o\}} \mathcal{A}_l \mathcal{P}_l(\gamma) \tag{5-19}$$

条件 SINR 覆盖表达式在如下引理中给出。

引理 5.6 基于位置感知跨层协作传输方案的异构网络场景，典型用户 u ($u \in C_l$) 的 SINR 网络覆盖解析式见公式（5-21）~（5-23），其中 $\tau_j = \sqrt{P_j} \|r_j\|^{-\frac{\alpha_j}{2}}$，

$\Xi(a,b,c,\alpha_j) = a^{2/\alpha_j} + \dfrac{b}{2} c^{2/\alpha_j} \mathcal{F}\left(\left(\dfrac{a}{c}\right)^{\frac{1}{\alpha_j}}, \alpha_j\right)$，$\mathcal{F}(y,\alpha) = \displaystyle\int_y^\infty \dfrac{u}{1+u^\alpha} du$，$SNR_k = P_k x^{-\alpha_k}/\sigma^2$，

$SNR_o = \sum_{j=1}^2 \tau_j^2 / \sigma^2$，并且 $p = \dfrac{P_2}{P_1}$。积分式 $\mathcal{F}(y,\alpha)$ 可通过计算超几何函数[152]获得精确解，即 $\mathcal{F}(y,\alpha) = \dfrac{y^2}{(\alpha-2)(1+y^\alpha)} {}_2F_1\left(1,1;2-2/\alpha;1/(1+y^\alpha)\right)$。特别地，当路径损耗指数 $\alpha = 4$ 时，$\mathcal{F}(y,\alpha) = 0.5 \tan^{-1}\left(y^{-2}\right)$。

证明： 根据 SINR 覆盖概率定义，典型用户 u ($u \in C_l$) 的条件 SINR 覆盖概率公式可计算为：

$$\mathcal{P}_l(\gamma) = \int_0^\infty \mathbb{P}(SINR > \gamma \mid u \in C_l) f_{R_l}(r) dr \tag{5-20}$$

其中，典型用户与服务基站之间的距离分布 PDF $f_{R_l}(r)$ 在公式（5-9）已给出。

$$\mathcal{P}_m(\gamma) = \dfrac{2\pi \lambda_1^s}{\mathcal{A}_m} \int_0^\infty r \exp\left\{-\dfrac{\gamma}{SNR_1} - \pi \lambda_1^s \Xi(1,1,\gamma,\alpha_1) r^2 - \pi \lambda_2^s p^{\frac{2}{\alpha_2}} \Xi(\delta_2,1,\gamma,\alpha_2) r^{\frac{2\alpha_1}{\alpha_2}}\right\} dr \tag{5-21}$$

$$\mathcal{P}_p(\gamma) = \dfrac{2\pi \lambda_2^s}{\mathcal{A}_p} \int_0^\infty r \exp\left\{-\dfrac{\gamma}{SNR_2} - \pi \lambda_2 \Xi(1,1,\gamma,\alpha_2) r^2 - \pi \lambda_1^s \left(\dfrac{1}{p}\right)^{\frac{2}{\alpha_1}} \Xi(\delta_1,1,\gamma,\alpha_1) r^{\frac{2\alpha_2}{\alpha_1}}\right\} dr \tag{5-22}$$

$$\mathcal{P}_o(\gamma) = \frac{4\pi^2 \lambda_1^s \lambda_2}{\mathcal{A}_o} \int_0^\infty \int_{(\delta_2 p r_1^{\alpha_1})^{\frac{1}{\alpha_2}}}^{(\frac{p r_1^{\alpha_1}}{\delta_1})^{\frac{1}{\alpha_2}}} r_1 r_2 \exp\left\{ -\frac{\gamma}{SNR_o} - 2\pi \lambda_1^s r_1^2 \left(\frac{\gamma}{1+(\tau_2/\tau_1)^2}\right)^{\frac{2}{\alpha_1}} \mathcal{F}\left(\left(\frac{1+(\tau_2/\tau_1)^2}{\gamma}\right)^{\frac{1}{\alpha_1}}, \alpha_1\right) - \right.$$

$$\left. 2\pi \lambda_2^s r_2^2 \left(\frac{\gamma}{1+(\tau_1/\tau_2)^2}\right)^{\frac{2}{\alpha_2}} \mathcal{F}\left(\left(\frac{1+(\tau_1/\tau_2)^2}{\gamma}\right)^{\frac{1}{\alpha_2}}, \alpha_2\right) - \pi\left(\lambda_1^s r_1^2 + \lambda_2^s r_2^2\right) \right\} \mathrm{d}r_1 \mathrm{d}r_2$$

（5-23）

首先推导协作区域 C_o 条件覆盖解析式。公式（5-2）可改写为：

$$SINR = \frac{\left|\sqrt{P_1} h_1 r_1^{-\frac{\alpha_1}{2}} + \sqrt{P_2} h_2 r_2^{-\frac{\alpha_2}{2}}\right|^2}{I_1^o + I_2^o + \sigma^2}$$

（5-24）

其中，$I_1^o = P_1 \sum_{y \in \Phi_1} |g_y|^2 \|y\|^{-\alpha_1}$ 为宏基站层产生的总干扰，$I_2^o = P_2 \sum_{y \in \Phi_2} |g_y|^2 \|y\|^{-\alpha_2}$ 为第二层微微基站总干扰。为了简化表达，定义 $\tau_j = \sqrt{P_j} \|r_j\|^{-\frac{\alpha_j}{2}}$。SINR 的 CCDF 可计算如下：

$$\mathbb{P}(SINR > \gamma \mid u \in C_o)$$
$$= \mathbb{P}\left(|\tau_1 h_1 + \tau_2 h_2|^2 > \gamma(I_1^o + I_2^o + \sigma^2)\right)$$
$$\stackrel{(a)}{=} \mathbb{E}_I\left(\exp\left(-\gamma \frac{I_j^o + \sigma^2}{\sum_{j=1}^2 \tau_j}\right)\right)$$
$$\stackrel{(b)}{=} \exp\left(\frac{-\gamma \sigma^2}{\sum_{j=1}^2 \tau_j}\right) \prod_{j=1}^2 \mathcal{L}_{I_j^o}\left(\frac{\gamma}{\sum_{j=1}^2 \tau_j}\right)$$

（5-25）

其中，步骤 (a) 根据 $|\tau_1 h_1 + \tau_2 h_2|^2 \sim \exp\left((\sum_{j=1}^2 \tau_j^2)^{-1}\right)$ 得到，因为 h_k 服从瑞利衰落且互相独立，步骤 (b) 根据拉普拉斯变换定义获得。I_j^o 可计算为：

$$\mathcal{L}_{I_j^o}(s) = \mathbb{E}_I\left(\exp(-sI_j^o)\right)$$

$$= \mathbb{E}_{\Phi_j,\mathcal{X}_j}\left[\exp\left(-sP_j\sum_{y\in\Phi_j}|g_y|^2\,\mathcal{X}_j\,\|y\|^{-\alpha_j}\right)\right]$$

$$\stackrel{(c)}{=} \mathbb{E}_{\Phi_j,\mathcal{X}_j}\left[\prod_{y\in\Phi_j}\mathbb{E}_{g_y}\left[\exp\left(-sP_j\,|g_y|^2\,\mathcal{X}_j\,\|y\|^{-\alpha_j}\right)\right]\right]$$

$$\stackrel{(d)}{=} \mathbb{E}_{\Phi_j,\mathcal{X}_j}\left[\prod_{y\in\Phi_j}\frac{1}{1+sP_j\mathcal{X}_j\|y\|^{-\alpha_j}}\right]$$

$$\stackrel{(e)}{=} \mathbb{E}_{\Phi_j^s}\left[\prod_{y\in\Phi_j^s}\frac{1}{1+sP_j\|y\|^{-\alpha_j}}\right]$$

$$\stackrel{(f)}{=} \exp\left[-2\pi\lambda_j^s\int_{r_j}^{\infty}\frac{sP_j r^{-\alpha_j}}{1+sP_j r^{-\alpha_j}}r\mathrm{d}r\right]$$

$$\stackrel{(g)}{=} \exp\left[-2\pi\lambda_j^s(sP_j)^{\frac{2}{\alpha_j}}\mathcal{F}\left(\left(\frac{1}{sP_j}\right)^{\frac{1}{\alpha_j}}r_j,\alpha_j\right)\right] \quad (5\text{-}26)$$

其中，步骤(c)是源自变量 g_y 的独立性假设，步骤(d)源自指数随机变量 μ 的矩函数为 $\mu/(\mu-t)$，步骤(e)由于阴影衰落的影响可视 Φ_j 等效变换为 Φ_j^s，步骤(f)根据 PPP 的概率生成函数属性所得，步骤(g)是由于变量代换 $u^{\alpha_j}=(sP_j)^{-1}r^{\alpha_j}$ 并使用引理5.6中的 $\mathcal{F}(y,\alpha)$ 定义可得到。组合公式（5-25）、（5-26）和（5-9）~（5-11）并代入（5-20）可以获得公式（5-23）。

非协作区域 C_m 的 SINR CCDF 为[93]：

$$\mathbb{P}(SINR>\gamma\,|\,u\in C_m)=\exp\left(\frac{-\gamma\sigma^2}{P_1 r_1^{-\alpha_1}}\right)\prod_{j=1}^{2}\mathcal{L}_{I_j}\left(\frac{\gamma r_1^{\alpha_1}}{P_1}\right) \quad (5\text{-}27)$$

使用公式（5-26）同样的推导步骤可以获得：

$$\mathcal{L}_{I_1}\left(\frac{\gamma r_1^{\alpha_1}}{P_1}\right)=\exp\left\{-2\pi\lambda_1^s\gamma^{\frac{2}{\alpha_1}}r_1^2\mathcal{F}\left(\left(\frac{1}{\gamma}\right)^{\frac{1}{\alpha_1}},\alpha_1\right)\right\} \quad (5\text{-}28)$$

$$\mathcal{L}_{I_2}\left(\frac{\gamma r_1^{\alpha_2}}{P_1}\right)=\exp\left\{-2\pi\lambda_2^s\left(\frac{\gamma P_2}{P_1}\right)^{\frac{2}{\alpha_2}}r_1^{\frac{2\alpha_1}{\alpha_2}}\mathcal{F}\left(\left(\frac{\delta_2}{\gamma}\right)^{\frac{1}{\alpha_1}},\alpha_2\right)\right\} \quad (5\text{-}29)$$

通过组合（5-27）~（5-29）和（5-9），并代入公式（5-20），可获得公式（5-21）。利用同样的推导步骤，即可获得解析表达式（5-22）。

2. 超密集异构网络场景

在低功率节点密集部署的异构网络场景，以用户为中心的群簇协作的网络覆盖概率 $\mathcal{P}_n(\gamma)$ 见如下引理。

定理 5.1 联合单个 HPN 节点和 $N(N \geq 1)$ 个 LPNs 节点协作超密集异构网络覆盖概率为：

$$\mathcal{P}_n(\gamma) = \int_{\substack{0<r_1<\infty \\ 0<r_{s,1}<\cdots<r_{s,n}<\infty}} \exp\left(-\frac{\gamma\sigma^2}{P_1 r_1^{-\alpha_1} + \sum_{n=1}^{N} P_2 r_{s,n}^{-\alpha_2}}\right) \mathcal{L}_I\left(-\frac{\gamma}{P_1 r_1^{-\alpha_1} + \sum_{n=1}^{N} P_2 r_{s,n}^{-\alpha_2}}\right) f_{r_n}(\mathbf{r}) d\mathbf{r}$$

(5-30)

证明：联合 HPN 和多个 LPNs 节点形成协作群簇超密集异构网络覆盖 $\mathcal{P}_n(\gamma)$ 表达式可写成：

$$\mathcal{P}_n(\gamma) = \mathbb{P}(SINR > \gamma)$$

$$= \mathbb{P}\left(\frac{\left|\sqrt{P_1} h_1 r_1^{-\frac{\alpha_1}{2}} + \sum_{n=1}^{N} \sqrt{P_2} h_{s,n} r_{s,n}^{-\frac{\alpha_2}{2}}\right|^2}{I + \sigma^2} > \gamma\right)$$

$$= \mathbb{P}\left(\left|\sqrt{P_1} h_1 r_1^{-\frac{\alpha_1}{2}} + \sum_{n=1}^{N} \sqrt{P_2} h_{s,n} r_{s,n}^{-\frac{\alpha_2}{2}}\right|^2 > \gamma(I+\sigma^2)\right)$$

$$\stackrel{(h)}{=} \mathbb{E}_I\left[\exp\left(-\frac{\gamma(I+\sigma^2)}{P_1 r_1^{-\alpha_1} + \sum_{n=1}^{N} P_2 r_{s,n}^{-\alpha_2}}\right)\right]$$

$$\stackrel{(i)}{=} \mathbb{E}_r\left[\exp\left(-\frac{\gamma\sigma^2}{P_1 r_1^{-\alpha_1} + \sum_{n=1}^{N} P_2 r_{s,n}^{-\alpha_2}}\right) \mathcal{L}_I\left(-\frac{\gamma}{P_1 r_1^{-\alpha_1} + \sum_{n=1}^{N} P_2 r_{s,n}^{-\alpha_2}}\right)\right]$$

$$= \int_{\substack{0<r_1<\infty \\ 0<r_{s,1}<\cdots<r_{s,n}<\infty}} \exp\left(-\frac{\gamma\sigma^2}{P_1 r_1^{-\alpha_1} + \sum_{n=1}^{N} P_2 r_{s,n}^{-\alpha_2}}\right) \mathcal{L}_I\left(-\frac{\gamma}{P_1 r_1^{-\alpha_1} + \sum_{n=1}^{N} P_2 r_{s,n}^{-\alpha_2}}\right) f_{r_n}(\mathbf{r}) d\mathbf{r}$$

(5-31)

其中，步骤（h）是 $\sqrt{P_1}h_1r_1^{-\frac{\alpha_1}{2}}+\sum_{n=1}^{N}\sqrt{P_2}h_nr_{s,n}^{-\frac{\alpha_2}{2}}$ 服从均值为 $P_1r_1^{-\alpha_1}+\sum_{n=1}^{N}P_2r_{s,n}^{-\alpha_2}$ 的指数分布，因为 $(h_1,h_{s,1},\cdots,h_{s,n})$ 是相互独立的瑞利随机变量，步骤（i）是干扰集合 I 的拉普拉斯变换 $\mathcal{L}(s)=\mathbb{E}(e^{-sI})$，$f_{r_n}(r)$ 是典型用户与服务基站之间距离的联合 PDF，其表达见公式（5-16），$d\mathbf{r}=dr_1dr_{s,1}dr_{s,2}\cdots dr_{s,n}$。

总干扰强度 $I=I_1+I_2$，其中

$$I_1 = P_1 \sum_{r_1\in\Phi_1\setminus\mathcal{B}} |g_y|^2 \|y\|^{-\alpha_1} \tag{5-32}$$

$$I_2 = P_2 \sum_{r_{s,n}\in\Phi_2\setminus\mathcal{B}} |g_y|^2 \|y\|^{-\alpha_2} \tag{5-33}$$

使用公式（5-26）同样的推导步骤可以获得：

$$\mathcal{L}_{I_1}(s) = \exp\left(-2\pi\lambda_1(sP_1)^{\frac{2}{\alpha_1}}\mathcal{F}\left(\left(\frac{1}{sP_1}\right)^{\frac{1}{\alpha_1}}r_1,\alpha_1\right)\right) \tag{5-34}$$

$$\mathcal{L}_{I_2}(s) = \exp\left(-2\pi\lambda_2(sP_2)^{\frac{2}{\alpha_2}}\mathcal{F}\left(\left(\frac{1}{sP_2}\right)^{\frac{1}{\alpha_2}}r_{s,n},\alpha_j\right)\right) \tag{5-35}$$

其中

$$(sP_1)^{\frac{1}{\alpha_1}} = \left[\frac{\gamma}{r_1^{-\alpha_1}+\frac{P_2}{P_1}\left(\sum_{n=1}^{N}r_{s,n}^{-\alpha_2}\right)}\right]^{\frac{1}{\alpha_1}} \tag{5-36}$$

$$(sP_2)^{\frac{1}{\alpha_2}} = \left[\frac{\gamma}{\frac{P_1}{P_2}r_1^{-\alpha_1}+\left(\sum_{n=1}^{N}r_{s,n}^{-\alpha_2}\right)}\right]^{\frac{1}{\alpha_2}} \tag{5-37}$$

将公式（5-34）～（5-37）和公式（5-16）代入公式（5-31）即可获得基于群簇协作方案超密集 LPNs 部署异构网络 SINR 覆盖性能解析表达式。

注意到 $N>2$ 场景对应的解析表达式包含 $n+1$ 重积分运算，$\sum_{n=1}^{N}r_{s,n}$ 联合距离分布 PDF 具有较高的计算复杂度，难以准确计算。为了易于计算从而便于分析群簇协作对网络性能的影响，需要进行多重积分运算的近似。根据 PPP 分布固有属性，面积 πr_n^2 服从伽马分布，即 $\pi r_n^2 \sim \Gamma\left(n,\frac{1}{\lambda_2}\right)$。随机变量 $\pi\lambda_2 r_n^2$ 的 PDF 可表达为 $f(x)=(x^{n-1}e^{-x})/(n-1)!$。根据文献[120，172，173]提出的近似原

理，$r_{s,n}^2$ 和 $r_{s,n}^{-\alpha}$ 的期望可分别计算为：

$$\mathbb{E}\left[r_{s,n}^2\right] = \frac{n}{\pi\lambda_2} \tag{5-38}$$

$$\mathbb{E}\left[r_{s,n}^{-\alpha}\right] = (\pi\lambda_2)^{\frac{\alpha}{2}} \int_0^\infty x^{-\frac{\alpha}{2}} f(x)\mathrm{d}x$$

$$= (\pi\lambda_2)^{\frac{\alpha}{2}} \frac{\Gamma\left(n-\frac{\alpha}{2}\right)}{\Gamma(n)} \tag{5-39}$$

其中，因为 $\Gamma\left(n-\frac{\alpha}{2}\right)$ 在 $n < \alpha/2$ 时为无限值，因此近似运算只针对 $n \geqslant \lfloor \alpha/2 \rfloor + 1$ 情况，$\lfloor \cdot \rfloor$ 表示向下取整。

因此，公式可进一步简化为：

$$(sP_1)^{\frac{1}{\alpha_1}} = \left[r_1^{-\alpha_1} + \frac{P_2}{P_1}\left(\sum_{n=1}^{\beta} r_{s,n}^{-\alpha_2} + \sum_{n=\beta+1}^{N} (\pi\lambda_2)^{\frac{\alpha_2}{2}} \frac{\Gamma\left(n-\frac{\alpha_2}{2}\right)}{\Gamma(n)}\right)\right]^{-\frac{1}{\alpha_1}} \gamma^{\frac{1}{\alpha_1}} \tag{5-40}$$

$$(sP_2)^{\frac{1}{\alpha_2}} = \left[\frac{P_1}{P_2} r_1^{-\alpha_1} + \left(\sum_{n=1}^{\beta} r_{s,n}^{-\alpha_2} + \sum_{n=\beta+1}^{N} (\pi\lambda_2)^{\frac{\alpha_2}{2}} \frac{\Gamma\left(n-\frac{\alpha_2}{2}\right)}{\Gamma(n)}\right)\right]^{-\frac{1}{\alpha_2}} \gamma^{\frac{1}{\alpha_2}} \tag{5-41}$$

其中，联合 PDF $f_{r_n}(r)$ 相应地改变为 $f_{r_n}(r_1, r_{s1} \cdots r_{s\beta})$，并且 $\beta = \lfloor \alpha_2/2 \rfloor$。

经过近似计算，网络覆盖性能计算复杂度明显降低，公式（5-31）的积分计算由原来的 $N+1$ 重积分改变为 $\beta+1$ 重积分。特别地，当路径损耗指数 $\alpha_1 = \alpha_2 = 4$，并且 $\sigma^2 = 0$ 时

$$\mathcal{P}_n(\gamma) = \int_{\substack{0 < r_1 < \infty \\ 0 < r_{s1} < r_{s2} < \infty}} \exp\left(-\frac{\pi\lambda_1 \gamma^{\frac{1}{2}} \arctan(\tilde{\zeta}_1)}{\left[r_1^{-4} + p\left(\sum_{n=1}^{2} r_{s,n}^{-\alpha_2} + (\pi\lambda_2)^2 g(n)\right)\right]^{\frac{1}{2}}}\right) \times$$

$$\exp\left(-\frac{\gamma^{\frac{1}{2}} \arctan(\tilde{\zeta}_2)}{\left[\left(r_1^{-4}/p + \sum_{n=1}^{2} r_{s,n}^{-\alpha_2}\right)/(\pi\lambda_2)^2 + g(n)\right]^{\frac{1}{2}}}\right) \times$$

$$f_{r_n}(r_1, r_{s1} r_{s2})\mathrm{d}r_1 \mathrm{d}r_{s1} \mathrm{d}r_{s2} \tag{5-42}$$

其中，经过近似运算后，$\tilde{\zeta}_1 = \gamma^{\frac{1}{2}} \left[r_1^{-4} + p\left(r_{s1}^{-4} + r_{s2}^{-4} \right) + (\pi \lambda_2)^2 g(n) \right]^{-\frac{1}{2}} r_1^{-2}$，经过近似计算 $r_n^2 = \frac{n}{\pi \lambda_2}$，从而 $\tilde{\zeta}_2 = \gamma^{\frac{1}{2}} / n \left[(r_1^{-4} / p + r_{s1}^{-4} + r_{s2}^{-4}) / (\pi \lambda_2)^2 + g(n) \right]^{-\frac{1}{2}}$，$p = \frac{P_2}{P_1}$，并且 $g(n) = \frac{n-2}{n-1}$。经过近似运算后的联合概率密度函数 $f_{r_n}(r)$ 可计算为：

$$f_{r_n}(r) = (2\pi)^3 \lambda_1 (\lambda_2)^2 \exp\left\{ -\pi(\lambda_1 r_1^2 + \lambda_2 r_{s,2}^2) \right\} r_1 r_{s,1} r_{s,2} \qquad (5\text{-}43)$$

5.3.2 遍历容量

协作传输的目标是提升网络覆盖和用户速率性能。本章使用遍历容量作为稀疏网络的速率性能指标。在理想回程场景下分别针对稀疏网络场景和密集网络场景推导网络遍历容量性能。

1. 稀疏网络

典型用户 u ($u \in C_l$) 的遍历容量为：

$$\bar{R} = \mathcal{A}_m R_m + \mathcal{A}_p R_p + \mathcal{A}_o R_o \qquad (5\text{-}44)$$

其中，$\mathcal{A}_l$ 是典型用户 ($u \in \{m, p, o\}$) 的连接概率，其解析结果在引理 5.2 中已给出。$R_l = \mathbb{E}[\log(1 + SINR_l)]$ 是典型用户 u ($u \in C_l$) 的信道容量，可计算为：

$$\begin{aligned} R_l &= \int_0^\infty \log(1+\gamma) f_l(\gamma) \mathrm{d}\gamma \\ &\overset{f_l(\gamma) = -\frac{\mathrm{d}\mathcal{P}_l(\gamma)}{\mathrm{d}\gamma}}{=} -\int_0^\infty \log(1+\gamma) \mathrm{d}\mathcal{P}_l(\gamma) \\ &= \int_0^\infty \frac{\mathcal{P}_l(\gamma)}{1+\gamma} \mathrm{d}\gamma \end{aligned} \qquad (5\text{-}45)$$

R_l 的单位为 nats/sec/Hz，$\mathcal{P}_l(\gamma)$ 见公式（5-21）~（5-23）。

2. 超密集网络场景

在超密集 LPNs 部署异构网络场景中，基于协作群簇方案网络遍历容量（Ergodic Capacity, EC）$\mathcal{C}_n(n, \alpha)$ 可表述为：

$$\begin{aligned} \mathcal{C}_n(n, \alpha) &= \mathbb{E}[\log(1 + SINR_n)] \\ &= \mathbb{E}\left[\log\left(1 + \frac{\left| \sqrt{P_1} h_1 r_1^{-\frac{\alpha_1}{2}} + \sum_{n=1}^{N} \sqrt{P_2} h_{s,n} r_{s,n}^{-\frac{\alpha_2}{2}} \right|^2}{I + \sigma^2} \right) \right] \end{aligned} \qquad (5\text{-}46)$$

按照公式（5-31）的推导步骤，并结合公式（5-42）的近似运算，超密集网络协作群簇用户遍历容量 C_n 可推导为：

$$C_n(n,\alpha) = \int_{\substack{0<r_1<\infty \\ 0<r_{s1}<\cdots<r_{s\beta}<\infty}} \int_{0<t<\infty} \exp\left(-\frac{\pi\lambda_1(e^t-1)^{\frac{2}{\alpha_1}}\mathcal{F}(\tilde{\zeta}_{C1},\alpha_1)}{\left[r_1^{-\alpha_1}+p\left(\sum_{n=1}^{\beta}r_{s,n}^{-\alpha_2}+(\pi\lambda_2)^{\frac{\alpha_2}{2}}g(n)\right)\right]^{\frac{2}{\alpha_1}}}\right) \times$$

$$\exp\left(-\frac{(e^t-1)^{\frac{2}{\alpha_2}}\mathcal{F}(\tilde{\zeta}_{C2},\alpha_2)}{\left[\left(r_1^{-\alpha_1}/p+\sum_{n=1}^{\beta}r_{s,n}^{-\alpha_2}\right)/(\pi\lambda_2)^{\frac{\alpha_2}{2}}+g(n)\right]^{\frac{2}{\alpha_2}}}\right) \times$$

$$\exp\left(-\frac{(e^t-1)\sigma^2}{\left[P_1r_1^{-\alpha_1}+P_2\left(\sum_{n=1}^{\beta}r_{s,n}^{-\alpha_2}+(\pi\lambda_2)^{\frac{\alpha_2}{2}}g(n)\right)\right]}\right) \times$$

$$f_{r_n}(r_1,r_{s1}\cdots r_{s\beta})\mathrm{d}r_1\mathrm{d}r_{s1}\cdots\mathrm{d}r_{s\beta}\mathrm{d}t$$

（5-47）

其中，$\tilde{\zeta}_{C1}=(e^t-1)^{-\frac{1}{\alpha_1}}\left[r_1^{-\alpha_1}+p\left(\sum_{n=1}^{\beta}r_{s,n}^{-\alpha_2}+(\pi\lambda_2)^{\frac{\alpha_1}{2}}g(n)\right)\right]^{\frac{1}{\alpha_1}}r_1$，经近似计算 $r_n^2=\frac{n}{\pi\lambda_2}$，

从而 $\tilde{\zeta}_{C2}=n^{\frac{1}{2}}(e^t-1)^{-\frac{1}{\alpha_2}}\left[(r_1^{-\alpha_1}/p+\sum_{n=1}^{\beta}r_{s,n}^{-\alpha_2})/(\pi\lambda_2)^{\frac{\alpha_2}{2}}+g(n)\right]^{\frac{1}{\alpha_2}}$，服务距离联合概率密度函数 $f_{r_n}(r_1,r_{s1},\cdots r_{s\beta})=2\pi\lambda_1(2\pi\lambda_2)^2\exp\{-\pi(\lambda_1r_1^2+\lambda_2r_s^2)\}r_1r_{s1}\cdots r_{s\beta}$。当协作群簇低功率基站数量达到 $N=2$ 时，上式包含了四重积分运算，难以获得闭合解。为了便于衡量群簇协作异构网络性能，减少多重积分的计算复杂度，本节基于超密集 LPNs 部署异构网络场景，当小蜂窝协作基站数量 $N>2$ 时，采用上述提出的近似方法解决了多重积分计算问题。

当 $\alpha_1=\alpha_2=4$ 时，并考虑干扰受限网络，忽略噪声（$\sigma^2=0$），用户遍历容量 $C_n(n,4)$ 可简化计算为：

$$C_n(n,4) = \int_{\substack{0<r_1<\infty \\ 0<r_{s1}<r_{s2}<\infty}} \int_{0<t<\infty} \exp\left(-\frac{\pi\lambda_1(e^t-1)^{\frac{1}{2}}\arctan(\tilde{\zeta}_{C1})}{\left[r_1^{-4}+p\left(r_{s1}^{-4}+r_{s2}^{-4}+(\pi\lambda_2)^2g(n)\right)\right]^{\frac{1}{2}}}\right) \times$$

$$\exp\left(-\frac{(e^t-1)^{\frac{1}{2}}\arctan(\tilde{\zeta}_{C2})}{\left[\left(r_1^{-4}/p+r_{s1}^{-4}+r_{s2}^{-4}\right)/(\pi\lambda_2)^2+g(n)\right]^{\frac{1}{2}}}\right)\times \quad (5\text{-}48)$$

$$f_{r_n}(r_1,r_{s1},r_{s2})\mathrm{d}r_1\mathrm{d}r_{s1}\mathrm{d}r_{s2}\mathrm{d}t$$

其中，$\tilde{\zeta}_{C1}=\sqrt{\dfrac{(e^t-1)}{\left[r_1^{-4}+p\left(r_{s1}^{-4}+r_{s2}^{-4}+(\pi\lambda_2)^2g(n)\right)\right]}}r_1^{-2}$，$\tilde{\zeta}_{C2}=\dfrac{1}{n}\sqrt{\dfrac{(e^t-1)}{\left[(r_1^{-4}/p+r_{s1}^{-4}+r_{s2}^{-4})/(\pi\lambda_2)^2+g(n)\right]}}$。

5.3.3 Backhaul 容量需求

在联合传输方案中，各基站共享用户数据，群簇协作增益需开销较大的回程容量。本节从基站角度出发，调查群簇协作回程容量需求，忽略信令交互开销，基站回程容量需求仅考虑服务用户传输数据累积之和。由于云端部署于宏基站处，因此假定宏基站配备理想回程链路，低功率节点回程链路受限。因此，针对超密集异构云网络场景仅考虑低功率节点回程容量需求。

根据 PPP 属性，典型低功率基站平均服务用户的数量为 $K_{JT}=\lceil n\lambda_u/\lambda_2 \rceil$。使用遍历容量公式相似的推导过程，典型基站低功率基站回程消耗（Backhaul consumption，BC），即基站提供给服务用户的遍历容量为：

$$\mathcal{BC}_n(n,\alpha)=\mathbb{P}\left(\frac{\left|\sqrt{P_1}h_1r_1^{-\frac{\alpha_1}{2}}+\sum_{n=1}^{K_{JT}}\sqrt{P_2}h_{s,n}r_{s,n}^{-\frac{\alpha_2}{2}}\right|^2}{I+\sigma^2}>e^t-1\right)$$

$$=\int\limits_{\substack{0<r_1<\infty\\0<r_{s1}<r_{s2}<\infty}}\int\limits_{0<t<\infty}\exp\left(-\frac{\pi\lambda_1(e^t-1)^{\frac{2}{\alpha_1}}\mathcal{F}(\tilde{\zeta}_{B1},\alpha_1)}{\left[r_1^{-\alpha_1}+p\left(\sum_{n=1}^{\beta}r_{s,n}^{-\alpha_2}+(\pi\lambda_u)^{\frac{\alpha_2}{2}}g(K_{JT})\right)\right]^{\frac{2}{\alpha_1}}}\right)\times$$

$$\exp\left(-\frac{\pi\lambda_2(e^t-1)^{\frac{2}{\alpha_2}}\mathcal{F}(\tilde{\zeta}_{B2},\alpha_2)}{\left[r_1^{-\alpha_1}/p+\sum_{n=1}^{\beta}r_{s,n}^{-\alpha_2}+(\pi\lambda_u)^{\frac{\alpha_2}{2}}g(K_{JT})\right]^{\frac{2}{\alpha_2}}}\right)\times$$

$$\exp\left(-\frac{(e^t-1)\sigma^2}{\left[P_1 r_1^{-\alpha_1}+P_2\left(\sum_{n=1}^{\beta} r_{s,n}^{-\alpha_2}+(\pi\lambda_u)^{\frac{\alpha_2}{2}}g(K_{JT})\right)\right]}\right)\times$$

$$f_{r_n}(r_1,r_{s1}\cdots r_{s\beta})\mathrm{d}r_1\mathrm{d}r_{s1}\cdots \mathrm{d}r_{s\beta}\mathrm{d}t \qquad (5\text{-}49)$$

其中，$K_{JT}=\lceil n\lambda_u/\lambda_2\rceil$，$\tilde{\zeta}_{B1}=(e^t-1)^{-\frac{1}{\alpha_1}}\left[r_1^{-\alpha_1}+p\left(\sum_{n=1}^{\beta}r_{s,n}^{-\alpha_2}+(\pi\lambda_u)^2 g(K_{JT})\right)\right]^{\frac{1}{\alpha_1}}r_1$，

$\tilde{\zeta}_{B2}=\left(\dfrac{n}{\pi\lambda_2}\right)^{\frac{1}{2}}(e^t-1)^{-\frac{1}{\alpha_2}}\left[r_1^{-\alpha_1}/p+\sum_{n=1}^{\beta}r_{s,n}^{-\alpha_2}+(\pi\lambda_u)^2 g(K_{JT})\right]^{\frac{1}{\alpha_2}}$，服务距离联合概率密度函数 $f_{r_n}(r_1,r_{s1},\cdots r_{s\beta})=2\pi\lambda_1(2\pi\lambda_u)^2\exp\left\{-\pi(\lambda_1 r_1^2+\lambda_u r_{s\beta}^2)\right\}r_1 r_{s1}\cdots r_{s\beta}$。

在特殊场景下，即 $\alpha_1=\alpha_2=4$，且 $\sigma^2=0$，上式可进一步化简为：

$$\mathcal{BC}_n(n,4)=\int_{\substack{0<r_1<\infty\\0<r_{s1}<r_{s2}<\infty}}\int_{0<t<\infty}\exp\left(-\frac{\pi\lambda_1(e^t-1)^{\frac{1}{2}}\arctan(\tilde{\zeta}_{B1})}{\left[r_1^{-4}+p(r_{s1}^{-4}+r_{s2}^{-4}+(\pi\lambda_u)^2 g(K_{JT}))\right]^{\frac{1}{2}}}\right)\times$$

$$\exp\left(-\frac{\pi\lambda_2(e^t-1)^{\frac{1}{2}}\arctan(\tilde{\zeta}_{B2})}{\left[(r_1^{-4}/p+r_{s1}^{-4}+r_{s2}^{-4})+(\pi\lambda_u)^2 g(K_{JT})\right]^{\frac{1}{2}}}\right)\times$$

$$f_{r_n}(r_1,r_{s1},r_{s2})\mathrm{d}r_1\mathrm{d}r_{s1}\mathrm{d}r_{s2}\mathrm{d}t$$

$$(5\text{-}50)$$

其中，$\tilde{\zeta}_{B1}=\sqrt{\dfrac{(e^t-1)}{\left[r_1^{-4}+p(r_{s1}^{-4}+r_{s2}^{-4}+(\pi\lambda_u)^2 g(K_{JT}))\right]}}\,r_1^{-2}$，$\tilde{\zeta}_{B2}=\dfrac{\pi\lambda_2}{n}\sqrt{\dfrac{(e^t-1)}{\left[r_1^{-4}/p+r_{s1}^{-4}+r_{s2}^{-4}+(\pi\lambda_u)^2 g(K_{JT})\right]}}$。

概率密度函数 PDF $f_{r_n}(r_1,r_{s1}r_{s2})=2\pi\lambda_1(2\pi\lambda_u)^2\exp\left\{-\pi(\lambda_1 r_1^2+2\pi\lambda_u r_{s2}^2)\right\}r_1 r_{s1}r_{s2}$。

5.3.4 成功服务概率

针对回程容量受限的超密集异构网络场景，定义成功传输概率（Successful Serving Probability, SSP）为基站传输服从容量约束 γ^{BC}，即当服务基站需要传输的容量超过门限值 γ^{BC} 时，则基站传输失败。针对超密集异构网络，给定 BC 约束 γ^{BC}(nats/s/Hz)，SSP P_s^{JT} 可计算为：

$$P_s^{JT}(\gamma^{BC},\lambda_2,\alpha_2) = \mathbb{P}[BC_n(\lambda_2,\alpha_2) \leqslant \gamma^{BC}]$$
$$= 1 - \mathbb{P}[BC_n(\lambda_2,\alpha_2) > \gamma^{BC}] \qquad (5\text{-}51)$$

利用公式（5-49）相似的推导过程，即可获得成功传输概率，其表达式为：

$$P_s^{JT}(\gamma^{BC},\lambda_2,\alpha_2) = 1 - \int_{\substack{0<r_1<\infty \\ 0<r_{s1}<r_{s2}<\infty}} \exp\left(-\frac{\pi\lambda_1(\mathrm{e}^{\gamma^{BC}}-1)^{\frac{2}{\alpha_1}} \mathcal{F}(\tilde{\zeta}_{SSP1},\alpha_1)}{\left[r_1^{-\alpha_1} + p\left(\sum_{n=1}^{\beta} r_{s,n}^{-\alpha_2} + (\pi\lambda_u)^{\frac{\alpha_2}{2}} g(K_{JT})\right)\right]^{\frac{2}{\alpha_1}}}\right) \times$$

$$\exp\left(-\frac{\pi\lambda_2(\mathrm{e}^{\gamma^{BC}}-1)^{\frac{2}{\alpha_2}} \mathcal{F}(\tilde{\zeta}_{SSP2},\alpha_2)}{\left[\left(r_1^{-\alpha_1}/p + \sum_{n=1}^{\beta} r_{s,n}^{-\alpha_2}\right) + (\pi\lambda_u)^{\frac{\alpha_2}{2}} g(K_{JT})\right]^{\frac{2}{\alpha_2}}}\right) \times$$

$$f_{r_n}(r_1,r_{s1}\cdots r_{s\beta})\mathrm{d}r_1\mathrm{d}r_{s1}\cdots\mathrm{d}r_{s\beta}$$

$$(5\text{-}52)$$

其中，$K_{JT} = \lceil n\lambda_u/\lambda_2 \rceil$，$\tilde{\zeta}_{SSP1} = (\mathrm{e}^{\gamma^{BC}}-1)^{-\frac{1}{\alpha_1}}\left[r_1^{-\alpha_1} + p\left(\sum_{n=1}^{\beta} r_{s,n}^{-\alpha_2} + (\pi\lambda_u)^2 g(K_{JT})\right)\right]^{\frac{1}{\alpha_1}} r_1$，

$\tilde{\zeta}_{SSP2} = \left(\dfrac{n}{\pi\lambda_2}\right)^{\frac{1}{2}} (\mathrm{e}^{\gamma^{BC}}-1)^{-\frac{1}{\alpha_2}}\left[r_1^{-\alpha_1}/p + \sum_{n=1}^{\beta} r_{s,n}^{-\alpha_2} + (\pi\lambda_u)^2 g(K_{JT})\right]^{\frac{1}{\alpha_2}}$，联合概率密度函数 PDF $f_{r_n}(r_1,r_{s1},\cdots r_{s\beta}) = 2\pi\lambda_1(2\pi\lambda_u)^2 \exp\{-\pi(\lambda_1 r_1^2 + \lambda_u r_{s\beta}^2)\}r_1 r_{s1}\cdots r_{s\beta}$。

相似地，当 $\alpha_1 = \alpha_2 = 4$，且 $\sigma^2 = 0$ 时，SSP 公式可简化为：

$$P_s^{JT}(\gamma^{BC},\lambda_2,4) = 1 - \int_{\substack{0<r_1<\infty \\ 0<r_{s1}<r_{s2}<\infty}} \exp\left(-\frac{\pi\lambda_1(\mathrm{e}^{\gamma^{BC}}-1)^{\frac{1}{2}} \arctan(\tilde{\zeta}_{SSP1})}{\left[r_1^{-4} + p\left(\sum_{n=1}^{2} r_{s,n}^{-4} + (\pi\lambda_u)^2 g(K_{JT})\right)\right]^{\frac{1}{2}}}\right) \times$$

$$\exp\left(-\frac{\pi\lambda_2(\mathrm{e}^{\gamma^{BC}}-1)^{\frac{1}{2}} \arctan(\tilde{\zeta}_{SSP2})}{\left[\left(r_1^{-4}/p + \sum_{n=1}^{2} r_{s,n}^{-4}\right) + (\pi\lambda_u)^2 g(K_{JT})\right]^{\frac{1}{2}}}\right) \times$$

$$f_{r_n}(r_1,r_{s1}r_{s2})\mathrm{d}r_1\mathrm{d}r_{s1}\mathrm{d}r_{s2}$$

$$(5\text{-}53)$$

其中，$K_{JT} = \lceil n\lambda_u / \lambda_2 \rceil$，$\tilde{\zeta}_{SSP1} = (e^{\gamma^{BC}} - 1)^{\frac{1}{2}} \left[r_1^{-4} + p\left(\sum_{n=1}^{2} r_{s,n}^{-4} + (\pi\lambda_u)^2 g(K_{JT}) \right) \right]^{-\frac{1}{2}} r_1^{-2}$，

$\tilde{\zeta}_{SSP2} = \dfrac{\pi\lambda_2}{n}(e^{\gamma^{BC}} - 1)^{\frac{1}{2}} \left[r_1^{-4} / p + \sum_{n=1}^{2} r_{s,n}^{-4} + (\pi\lambda_u)^2 g(K_{JT}) \right]^{-\frac{1}{2}}$，服务距离联合概率密度函数 PDF $f_{r_n}(r_1, r_{s1}, r_{s2}) = 2\pi\lambda_1 (2\pi\lambda_u)^2 \exp\{-\pi(\lambda_1 r_1^2 + \lambda_u r_{s2}^2)\} r_1 r_{s1} r_{s2}$。

5.3.5 有效遍历容量

考虑到基站回程约束，通过有效遍历容量（Effective Ergodic Capacity，EEC）[172]指标来衡量有限回程容量的低功率基站的成功传输容量。有效遍历容量量化了用户性能增益与低功率基站回程容量之间的关系。跨层群簇协作超密集异构网络中有效遍历容量可计算为：

$$C_n^{eff}(n, \lambda_2, \gamma^{BC}) = P_s^{JT}(\gamma^{BC}, \lambda_2, \alpha_2) \times C_n(n, \alpha_2) \quad (5\text{-}54)$$

其中，成功传输概率公式 $P_s^{JT}(\gamma^{BC}, \lambda_2, \alpha_2)$ 和遍历容量公式 $C_n(n, \alpha_2)$ 分别在公式（5-52）和（5-47）中已给出。从公式（5-54）中可看出，网络有效遍历容量性能与协作群簇大小、低功率基站部署密度及回程容量密切相关。在基站部署密度 λ_2 和回程容量 γ^{BC} 给定的条件下，最优的群簇大小 $\mathcal{N}_{opt}$ 可由如下公式获得。

$$\mathcal{N}_{opt} = \underset{n}{\arg\max} \; C_n^{eff}(n, \lambda_2, \gamma^{BC}) \quad (5\text{-}55)$$

5.4 数值结果和讨论

5.4.1 仿真验证

仿真场景为 $10 \times 10 \text{ km}^2$ 蜂窝网络面积，由 Macro 和 Pico 基站构成干扰受限（$\sigma^2 = 0$）两层网络场景。除非特别声明，稀疏网络相关参数设置为 $\lambda_1 = 1$ BS/km²，$\lambda_u = 100\lambda_1$，$\lambda_2 = 5\lambda_1$，$\{P_1, P_2\} = \{46, 30\}$ dBm，$\{\alpha_1, \alpha_2\} = \{4, 4\}$。每层网络阴影衰落假定为对数正态分布，均值和标准方差分别设置为 $\{\mu_1, \mu_2\} = \{0, 0\}$ dB 和 $\{\sigma_1, \sigma_2\} = \{3.5, 4.6\}$ dB。在超密集低功率基站部署场景中，由于用户和服务基站之间的距离较近，不考虑阴影衰落，设定 LPNs 的传送功率为 20 dBm，默认网络用户分布密度为 $\lambda_u = 500\lambda_1$。

在稀疏网络场景中,基站协作在高功率宏基站和低功率微微基站之间进行。图5.3验证了解析结果,从图中可看出解析结果和仿真结果匹配较好。此外,注意到路径损耗指数越高,网络SINR覆盖性能越好。这是因为随着路径损耗指数越高,用户承受的网络总干扰信号越弱。

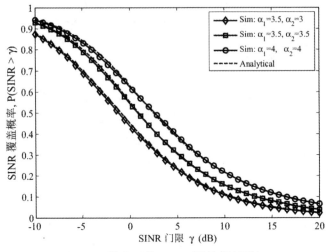

图5.3 稀疏网络SINR覆盖解析验证

基于宏基站和多个低功率访问节点的协作群簇方案超密集异构云无线网络,图5.4分别在$\lambda_2=10\lambda_1$和$\lambda_2=100\lambda_1$场景下验证了密集网络(Dense HetNets,DHs)和超密集网络(UDHs)SINR覆盖性能解析结果。由于多重积分的近似运算,解析结果和仿真结果存在一定的间隙,但间隙均匀,最大误差不超过1 dB,而且当SINR门限大于0 dB时,解析结果相对准确。此外,图5.4(a)说明了多基站协作对网络覆盖性能的影响。在低功率基站密集部署场景($\lambda_2=10\lambda_1$),相对于传统无协作网方案(NC),跨层协作方案($N=1$)大幅提升了网络覆盖性能。相对于跨层单基站的协作($N=1$),每个群簇中包含两个低功率基站($N=2$)的网络性能提升显著,相对于$N=2$,$N=4$网络覆盖性能有一定改善,但$N>4$之后,网络覆盖性能提升非常有限,例如$N=8$对应的网络覆盖性能非常接近于$N=4$场景。

针对低功率基站超密集部署场景,图5.4(b)说明了协作群簇大小对网络覆盖性能的影响。在低功率基站超密集部署网络中,由于低功率基站间干扰问题突出,相对于传统无协作方案,跨层单基站协作网络覆盖性能增益较少,当群簇中低功率基站数量从$N=1$增加至$N=2$时,网络覆盖性能显著改善,但当$N>2$之后,SINR覆盖性能增益逐渐下降。

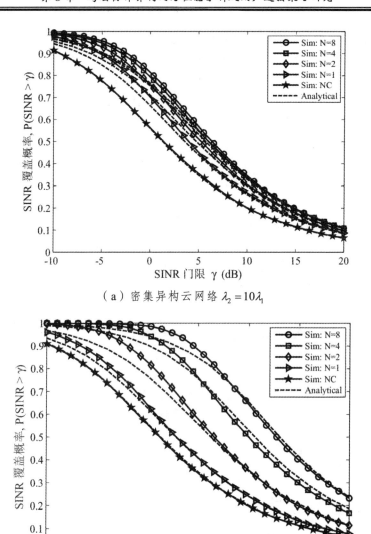

(a) 密集异构云网络 $\lambda_2 = 10\lambda_1$

(b) 超密集异构网络 $\lambda_2 = 100\lambda_1$

图 5.4 SINR 覆盖解析结果验证

5.4.2 性能评估

1. 位置感知跨层协作

偏置因子 δ_2 对网络不同区域覆盖性能的影响如图 5.5 所示。随着 δ_2 的不断增加,因为宏蜂窝边缘区域接收信号较差用户数量不断减少,基于三种方案宏的区域覆盖性能呈现上升趋势。基于传统 CRE 方案小蜂窝内部区域及偏置区域用户性能随着 δ_2 的增加而不断下降,这是由于卸载用户承受严重宏蜂窝干扰的缘故。尽管 eICIC 方案有效抑制跨层干扰,但随着偏置因子的增大,卸载用户与服务基站之间的距离逐渐增加,此时承受小蜂窝同层干扰较为突出,因此覆盖性能不断下降。不同于 CRE 和 eICIC 方案,基于 CTC 方案协作区域和小蜂窝区域用户性能不断上升,这是由于协作区域用户将严重的跨层干扰信号吸收为有用信号,从而随着协作区域的增加,覆盖性能呈上升趋势。

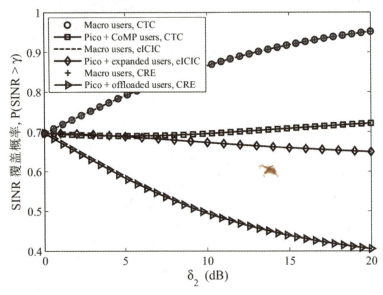

图 5.5 不同方案下偏置因子 δ_2 对条件 SINR 覆盖的影响

图 5.6(a)进一步证明了跨层协作传输方案的优越性。从图中可看出,随着 δ_2 不断增大,基于跨层协作传输方案的网络覆盖性能优越性更明显。然而,当偏置因子增加到 $\delta_2 = 10$ dB 时,基于跨层协作方案网络覆盖性能接近最大值。这是因为 δ_2 越大,用户与低功率基站距离越远,用户接收远距离低功率基站信号较弱,因此协作性能增益不明显。考虑到协作区域范围的扩大直接导致网络回程容量需求增加,在实际网络中应折中考虑网络性能增益和 Backhaul 容量开销。由于小蜂窝边缘区域同样承受严重跨层干扰,图 5.6(b)调研了协作因子 δ_1 对网络覆盖的影响,注意到小蜂窝边缘区域的协作亦可明显提升网络覆盖性能。从图 5.6 中可看出,当 $\delta_2(\delta_1) = 10$ dB 时,网络 SINR 覆盖性能接近最大值。

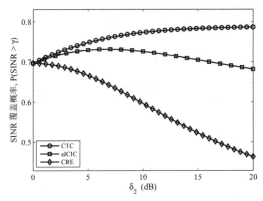

(a）偏置因子 δ_2 对 SINR 覆盖的影响

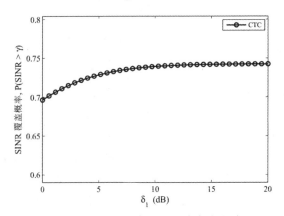

(b）偏置因子 δ_1 对 SINR 覆盖的影响

图 5.6　偏置因子 δ_1 和 δ_2 对 SINR 覆盖的影响

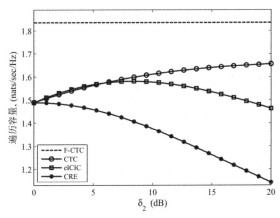

(a）协作因子 δ_2 对遍历容量的影响

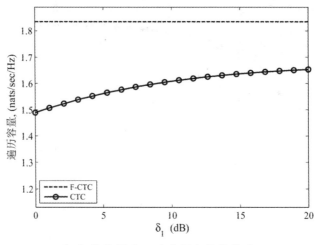

（b）协作因子 δ_1 对遍历容量的影响

图 5.7　协作因子对网络遍历容量的影响

针对位置感知跨层协作异构网络，分别调查协作偏置因子 δ_1 和 δ_2 对网络遍历速率的影响，如图 5.7 所示。从图中可明显观察到，相比于传统小区范围扩张及 eICIC 方案，CTC 方案具有较好的速率性能。在全协作方案（F-CTC）模式中，由于全网用户均处于跨层协作传输模式，因此具有最优网络遍历容量性能。跨层协作方案的遍历速率性能随着偏置因子的增加而改善，但速率性能增益逐渐放缓。考虑到 Backhaul 开支的增加，在实际的网络规划中应折中考量跨层协作增益与回程链路开销。

2. 跨层群簇协作

在群簇协作传输模式中，因为每个群簇协作基站共享用户数据信息，所以协作性能增益需要高容量 Backhaul 链路支持。为了量化基于跨层群簇协作传输方案网络低功率基站 Backhaul 容量开销，有必要研究协作群簇基站数量与回程容量需求的对应关系，如图 5.8 所示。从图中可看出，随着群簇大小（群簇内低功率基站数量）的增加，基站回程容量需求持续增长。因为用户传输速率改善直接导致基站传输数据总量增大。从图中还注意到，给定用户分布密度 $\lambda_u = 500\lambda_1$，低功率基站部署密度越高，基站回程容量需求越低。这是由于低功率基站部署密度越大，基站平均服务用户的数量下降，从而需要传输的数据总量降低。

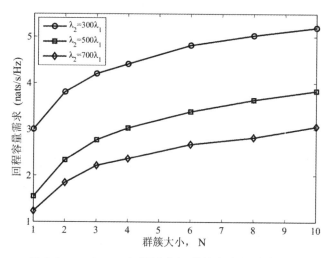

图 5.8 Backhaul 容量需求与群簇大小的对应关系

回程容量及群簇大小对成功服务概率的影响,如图 5.9 所示。图 5.9（a）在固定群簇内低功率基站数量（$N=3$），分析了回程容量对成功服务概率的影响。因为较低基站回程容量无法支持基站需要传输的数据总速率,导致成功服务概率降低。所以,基站回程容量越大,成功服务概率越高。此外,基站部署密集越高,基站平均服务用户数量下降,因此在相同的回程容量条件下,低功率基站部署密度越大,成功服务概率越高。

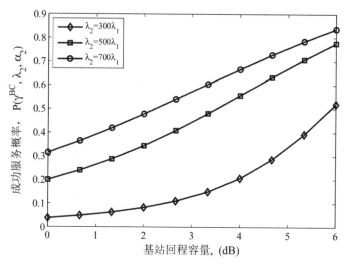

(a) 回程容量对成功服务概率的影响

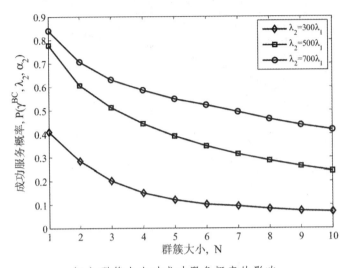

(b)群簇大小对成功服务概率的影响

图 5.9 回程容量及群簇大小对成功服务概率的影响

在给定的回程容量（$\gamma^{BC}=3.0\,\text{nats/s/Hz}$）条件下，图 5.9（b）进一步调研了群簇大小（群簇内低功率基站数量）和基站部署密度对基站成功服务概率的影响。从图中可以清晰地观察到，群簇内基站数量越多，基站需要传输的数据量越大，因此成功服务概率越低。

为了明确群簇大小和 Backhaul 容量的对应关系，提供跨层群簇协作传输系统设计理论依据，有必要调研在不同回程容量场景下异构网络协作群簇大小和低功率基站部署密度对有效遍历容量性能的影响，如图 5.10 所示。图 5.10（a）显示在较低回程容量场景中，不同的基站部署密度对应最优的群簇大小。从图中可以清晰地观察到，基站部署密度越高，群簇基站最优数量越大。当 $\lambda_2=\{700,500,300\}\lambda_1$ 且 $\gamma^{BC}=2.3\,\text{nats/s/Hz}$ 时，最优群簇低功率基站数量分别对应为 $\mathcal{N}_{opt}=\{4,2,1\}$。为了进一步验证基站回程容量对网络有效遍历容量的影响，图 5.10（b）在配置较高回程容量，即 $\gamma^{BC}=3.3\,\text{nats/s/Hz}$ 时，研究群簇大小对网络 EEC 的影响。从图中可观察到，相比于低回程容量场景 $\gamma^{BC}=2.3\,\text{nats/s/Hz}$，回程容量为 $\gamma^{BC}=3.3\,\text{nats/s/Hz}$ 时对应的有效遍历容量与最优协作基站数量均增加。

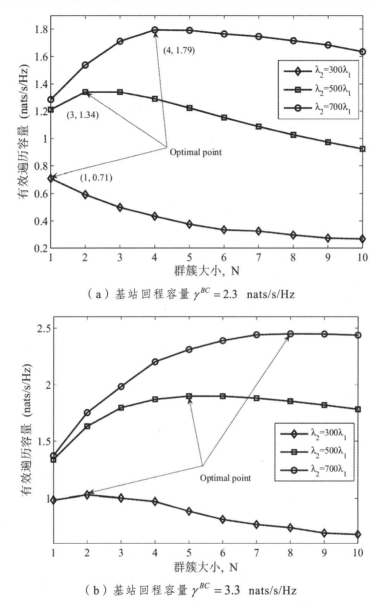

（a）基站回程容量 $\gamma^{BC} = 2.3$ nats/s/Hz

（b）基站回程容量 $\gamma^{BC} = 3.3$ nats/s/Hz

图 5.10 基站回程容量及群簇大小对成功服务概率的影响

5.5 本章小结

本章首先针对低功率基站相对稀疏部署的异构网络场景，提出位置感知跨层协作传输理论模型。利用随机几何理论推导位置感知跨层协作网络覆盖概率和遍历容量解析表达式，并通过蒙特卡洛仿真验证了解析结果的准确性。实验证明了位置感知跨层协作传输方案的有效性，并提出了位置感知跨层协作因子的选择策略。其次，针对低功率基站超密集部署场景，建立了以用户为中心的跨层群簇协作理论模型，并推导了网络 $SINR$ 覆盖、遍历容量解析式，量化了基站回程容量需求。进一步推导了成功服务概率及有效遍历容量解析式。基于解析结果，研究了基站部署密度及群簇大小对有效遍历容量性能的影响，并提出了群簇协作策略。

结 论

本书基于低功率基站同信道部署异构网络场景,针对跨层及同层严重干扰问题,分别基于干扰协调和跨层协作传输方案,利用随机几何理论建立了异构网络分析模型,以提升 $SINR$ 覆盖、速率覆盖、能量效率和遍历容量等性能为目标,展开了异构资源管理技术及性能研究。本书主要创新和结论包括：

(1) 针对回程受限异构网络场景,基于小区范围扩张及频域子信道分配联合方案,合理建立 OFDMA 异构网络干扰模型,并利用随机几何理论推导了回程容量受限异构网络 $SINR$ 覆盖、速率覆盖及能量效率解析式,通过蒙特卡洛仿真验证了解析结果的准确性。基于解析结果,研究了各参数对网络性能的影响,获得了速率覆盖性能最优的用户连接偏置和资源分配系数,以及能量效率最优的基站部署密度。实验表明,相比于现有的研究结果,异构网络速率覆盖性能增益可达 12%。

(2) 针对 FeICIC 异构网络场景,建立了联合用户连接、功率控制及资源分配理论框架,推导了 OFDMA 异构网络 $SINR$ 覆盖及速率覆盖解析式,并通过蒙特卡洛仿真验证了解析结果的准确性。基于解析结果,分析用户连接偏置、功率控制因子及资源分配系数对速率覆盖的影响,获得速率覆盖性能最优的系统参数配置。此外,基于网络传输需求,推导频谱和能量效率解析式,并针对频谱和能量效率多目标联合优化问题,提出了 Dinkelbach 迭代和梯度下降嵌套算法,获得了资源分配联合优化方案。实验表明,配置最优参数值的网络可获得显著的性能增益,其中能量效率性能增益最高可达到 75%。实验证明能量效率的提升导致频谱效率的下降,当 FeICIC 异构网络能量效率达到最优时,频谱效率性能损耗不明显,最高不超过 14%。

(3) 针对稀疏异构网络部署场景,基于位置感知跨层协作传输方案,引入协作因子灵活调节协作范围,建立位置感知跨层协作通用模型,利用随机几何理论推导网络 $SINR$ 覆盖及遍历容量解析式。研究了协作因子对网络性能的影响,给出了协作因子选择策略。此外,针对低功率基站超密集部署场景,基于以用户为中心跨层群簇协作方案,利用随机几何理论推导了网络 $SINR$ 覆盖、遍历容量解析式。进一步量化了基站回程容量需求,推导了成功服务概率及有效遍历容量解析式,研究了基站部署密度及群簇大小对有效遍历容量性能的影响，并提出了群簇协作策略。

基于现有的研究成果，未来可开展的研究工作主要包括：

（1）针对异构网络场景，基于干扰协调资源分配方案，研究更为复杂的用户调度方案，从而捕捉频率选择性分集增益，实现网络整体性能的提升。

（2）针对异构网络场景，基于干扰协调资源分配方案和非均匀的网络传输需求，在保障用户最低 QoS 基础上，研究资源分配联合最优方案，实现异构网络能量有效地运行。

（3）针对超密集部署异构云网络场景，基于跨层群簇协作传输方案，结合 Massive MIMO 和 NOMA 接入技术，实现网络频谱效率性能的显著改善。

参考文献

[1] Mac Donald V H. Advanced Mobile Phone Service: The Cellular Concept[J]. Bell System Technical Journal, 1979, 58 (1): 15-41.

[2] Bender P, Black P, Grob M, et al. CDMA/HDR: A Bandwidth Efficient High Speed Wireless Data Service for Nomadic Users[J]. IEEE Communications Magazine, 2000, 38 (7): 70-77.

[3] De Vriendt J, Lainé P, Lerouge C, et al. Mobile Network Evolution: A Revolution on the Move[J]. IEEE Communications Magazine, 2002, 40 (4): 104-111.

[4] Furuskar A, Mazur S, Muller F, et al. EDGE: Enhanced Data Rates for GSM and TDMA/136 Evolution[J]. IEEE Personal Communications, 1999, 6 (3): 56-66.

[5] Kumaravel K. Comparative Study of 3G and 4G in Mobile Technology[J]. IJCSI International Journal of Computer Science Issues, 2011, 8 (5).

[6] Holma H, Toskala A. HSDPA/HSUPA for UMTS: High Speed Radio Access for Mobile Communications[M]. UK: John Wiley & Sons, 2007.

[7] Kachhavay M G, Thakare A P. 5G Technology-Evolution and Revolution[J]. International Journal of Computer Science and Mobile Computing, 2014, 3 (3): 1080-1087.

[8] Khan A H, Qadeer M A, Ansari J A, et al. 4G as A Next Generation Wireless Network[C]//International Conference on Future Computer and Communication.Malaysia: Infrastructure University, 2009: 334-338.

[9] FP7 European Project. Mobile and Wireless Communications Enablers for the Twenty-Twenty Information Society (METIS). http: //www.metis2020.com.

[10] FP7 European Project. 5th Generation Non-Orthogonal Waveforms for Asynchronous Signalling (5GNOW). Available: http: //www.5gnow.eu.

[11] FP7 European Project. Interworking and Joint Design of An Open Access and BachkaulNetworkArchitectureforSmallCellsBasedonCloudNetworks (iJOIN). Available: http: //www.ict-ijoin.eu.

[12] FP7 European Project. Distributed Computing, Storage and Radio Resource Allocation Over Cooperative Femtocells（Tropic）. Available：http：//www.ict-tropic.eu.

[13] FP7 European Project. Mobile Cloud Networking（MCN）. http：//www.mobile-cloud-networking.eu/site.

[14] FP7 European Project. Convergence of Fixed and Mobile Broadband Access Aggregation Networks（COMBO）. Available：http：//www.ict-combo.eu.

[15] FP7 European Project. Evolving Mobile Internet with Innovative Terminal-to-Terminal Offloading Technologies（MOTO）. Available：http：//www.fp7-moto.eu.

[16] FP7 European Project. Physical Layer Wireless Security（PHYLAWS）. Available：http：//www.phylaws-ict.org.

[17] 5G Infrastructure Public Private Partnership. Available：http：//www.5g-ppp.eu.

[18] Horizon 2020. Available：http：//www.ec.europa.eu/programmes horizon2020.

[19] NYU Wireless. Available：http：//www.nyuwirelss.com/research.

[20] 5G Forum. Korean 5G Will Lead the Globe. Available：http：//www.5gforum.org.

[21] 尤肖虎，潘志文，高西奇，等. 5G 移动通信发展趋势与若干关键技术[J]. 中国科学，2014.

[22] IMT-2020（5G）. Available：http：//www.imt-2020.cn.

[23] JacobfeuerbornB. Next Generation Mobile Networks[R]. GER：NGMN Allicance，2015.

[24] IMT-2020. 5G Vision and Requirements[R]. China：IMT-2020（5G）Promotion Group，2014.

[25] ITU. IMT Traffic Estimates For the Years 2020 to 2030[R]. Geneva：ITU-R，2015.

[26] Agiwal M, Roy A, Saxena N. Next Generation 5G Wireless Networks：A Comprehensive Survey[J]. IEEE Communications Surveys & Tutorials，2016, 18（3）：1617-1655.

[27] 李光，赵福川，王延松， 5G 承载网的需求、架构和解决方案[J]. 中心通讯技术，2017，23（5）.

[28] Cisco. Cisco Visual Networking Index: Global Mobile Data Traffic Forecast Update, 2016-2021[R]. USA: Cisco, 2017.

[29] 魏军. 5G 通信技术推动物联网产业链发展[J]. 集成电路应用, 2017, 34 (1): 75-79.

[30] Dehos C, González J L, Domenico A D, et al. Millimeter-Wave Access and Backhauling: The Solution to the Exponential Data Traffic Increase in 5G Mobile Communications Systems?[J]. IEEE Communications Magazine, 2014, 52 (9): 88-95.

[31] Andrews J G. Seven Ways that HetNets Are a Cellular Paradigm Shift[J]. IEEE Communications Magazine, 2013, 51 (3): 136-144.

[32] Andrews J G, Buzzi S, Choi W, et al. What Will 5G Be?[J]. IEEE Journal on Selected Areas in Communications, 2014, 32 (6): 1065-1082.

[33] Bhushan N, et al. Network Densification: The Dominant Theme for Wireless Evolution into 5G[J]. IEEE Communications Magazine, 2014, 52 (2): 82-89.

[34] Nie Xuefang, J Zhang, T Zhou, et al. Location-Aware Cross-Tier Cooperation for Massive MIMO Heterogeneous Networks [J]. IEEE Wireless Communications Letters, 2020, 9 (9): 1577-1580.

[35] López-Pérez D, Güvenc, I, de la Roche G, et al. Enhanced Intercell Interference Coordination Challenges in Heterogeneous Networks[J]. IEEE Wireless Communications, 2011, 18 (3): 22-30.

[36] Zhang J, Dela Roche G, et al. Femtocells: Technologies and Deployment[M]. 2nd. Bedfordshire: Wiley Online Library, 2010.

[37] Khandekar A, Bhushan N, Tingfang J, et al. LTE-Advanced: Heterogeneous Networks[C]//Wireless Conf. (EW). EU: IEEE, 2010: 978-982.

[38] 3GPP TR36.819. Coordinated Multi-Point Operation for LTE Physical Layer Aspects[R]. Valbonne: 3GPP, 2011.

[39] Chandrasekhar V, Andrews J G, Gatherer A. Femtocell Networks: A Survey[J]. IEEE Communications Magazine, 2008, 46 (9): 59-67.

[40] Stocker A C. Small-Cell Mobile Phone Systems[J]. IEEE Transactions on Vehicular Technology, 1984, 33 (4): 269-275.

[41] Iyer R, Parker J, Sood P. Intelligent Networking for Digital Cellular Systems and the Wireless World[C]. IEEE Global Telecommunications

Conference and Exhibition. San Diego: IEEE, 1990: 475-479.

[42] Peng M, Yan S, Zhang K, et al. Fog-Computing-Based Radio Access Networks: Issues and Challenges[J]. IEEE Network, 2016, 30(4): 46-53.

[43] Simeone O, Maeder A, Peng M. Cloud Radio Access Network: Virtualizing Wireless Access for Dense Heterogeneous Systems[J].Journal of Communications and Networks, 2016, 18(2): 135-149.

[44] Rost P, Bernardos C J, De Domenico A, et al. Cloud Technologies for Flexible 5G Radio Access Networks[J]. IEEE Communications Magazine, 2014, 52(5): 68-76.

[45] Zhou Tianqing, Qin Dong, Nie Xuefang, et al. The Design of Load Balancing Mechanism under Fractional Frequency Reuse for Heterogeneous Cellular Networks[C]. IEEE International Conference on Computer and Communications(ICCC), 2019: 1-6.

[46] Zahir T, Arshad K, Nakata A, et al. Interference Management in Femtocells[J]. IEEE Communications Surveys & Tutorials, 2013, 15(1): 293-311.

[47] 傅玲莉, 张静. 异构网络中软频率复用场景下的干扰管理[J]. 上海师范大学学报: 自然科学版, 2017, 46(1): 54-58.

[48] Zhou Tianqing, Liu Yanli, Qin Dong, et al. Joint Device Association and Power Coordination for H2H and IoT Communications in Massive MIMO Enabled HCNs [J]. IEEE Access, 2020, 8: 72971-72984.

[49] Ghosh A, Mangalvedhe N, Ratasuk R, et al. Heterogeneous Cellular Networks: From Theory to Practice[J]. IEEE Communications Magazine, 2012, 50(6): 54-64.

[50] Lee Y, Chuah T, Loo J, et al. Recent Advances in Radio Resource Management for Heterogeneous LTE/LTE-A Networks[J]. IEEE Communications Surveys &Tutorials, 2014, 16(4): 2142-2178.

[51] 李纪平. 移动蜂窝网络的准入控制与下行链路资源分配研究[D]. 武汉: 华中师范大学, 2012.

[52] Liu D, Wang L, Chen Y, et al. User Association in 5G Networks: A Survey and an Outlook[J]. IEEE Communications Surveys & Tutorials, 2016, 18(2): 1018-1044.

[53] Zhou Tianqing, Qin Dong, Nie Xuefang, et al. Energy Efficient Computation Offloading and Resource Management in Ultradense

Heterogeneous Networks [J]. IEEE Transactions on Vehicular Technology, 2021.

[54] Andrews J G, Singh S, Ye Q, et al. An Overview of Load Balancing in HetNets: Old Myths and Open Problems [J]. IEEE Wireless Communications, 2014, 21 (2): 18-25.

[55] Nie Xuefang, Wang Yang, Zhang Jiliang et al. Coverage and Association Bias Analysis for Backhaul Constrained HetNets with eICIC and CRE [J]. Wireless Personal Communications, 2017, 97 (4): 4981-5002.

[56] Aijaz A, Aghvami A H. A Green Perspective on Wi-Fi Offloading[J]. IEEE Wireless Communications, 2016, 23 (4): 112-119.

[57] Wu J, Zhang Y, Zukerman M, et al. Energy-Efficient Base-Stations Sleep-Mode Techniques in Green Cellular Networks: A Survey[J]. IEEE Communications Surveys & Tutorials, 2015, 17 (2): 803-826.

[58] Fehske A, Fettweis G, Malmodin J, et al. The Global Footprint of Mobile Communications: The Ecological and Economic Perspective[J]. IEEE Communications Magazine, 2011, 49 (8).

[59] Malmodin J, Moberg A, Lundén D, et al. Greenhouse Gas Emissions and Operational Electricity Use in the ICT and Entertainment & Media Sectors[J]. Journal of Industrial Ecology, 2010, 14 (5): 770-790.

[60] Feng D, Jiang C, Lim G, et al. A Survey of Energy-Efficient Wireless Communications [J]. IEEE Communications Surveys & Tutorials, 2013, 15 (1): 167-178.

[61] He Zhiqiang, Wang Yang, Ding Liqing, et al. Research on three-dimensional omnidirectional wireless power transfer system for subsea operation[C]. OCEANS 2017-Aberdeen. 2017: 1-5.

[62] Richter F, Fehske A J, Fettweis G P. Energy Efficiency Aspects of Base Station Deployment Strategies for Cellular Networks[C]. IEEE 70th Vehicular Technology Conference Fall(VTC 2009-Fall). Anchorage: IEEE, 2009: 1-5.

[63] Langedem T. Reducing the Carbon Footprint of ICT Devices, Platforms and Networks [J]. GreenTouch, Amsterdam, The Netherlands, Nov, 2012.

[64] Lister D. An Operator's View on Green Radio [J]. Keynote Speech, GreenComm, 2009.

[65] 3rd Generation Partnership Project (3GPP) . Available: http:

//www.3gpp.org.

[66] FP7European Project. EnergyAwareRadio and netTworktecHnologies (EARTH). Available: http://www.ict-earth.eu.

[67] FP7 European Project. Optimising Power Efficiency in Mobile Radio Networks Project (OPERA-Net). Available: http://www.opera-net.org.

[68] FP7 European Project.Cognitive Radio and Cooperative Strategies for POWER Saving in Multi-Standard Wireless Devices (C2POWER). Available: http://www.ict-c2 power.eu.

[69] FP7 European Project. Energy-Efficient Wireless Networking (eWin). Available: http://www.wireless.kth.se/research/projects/19-ewin.

[70] FP7 European Project. Towards Real Energy-efficient Network Design (TREND). Available: http://www.fp7-trend.eu.

[71] Xu J, Zhang J, Andrews J G. On the Accuracy of the Wyner Model in Cellular Networks [J]. IEEE Transactions on Wireless Communications, 2011, 10 (9): 3098-3109.

[72] Chenand L, Chen W, Wang B, et al. System-Level Simulation Methodology and Platform for Mobile Cellular Systems[J]. IEEE Communications Magazine, 2011, 49 (7).

[73] Chiu S N, Stoyan D, Kendall W S, et al. Stochastic Geometry and Its Applications [M]. UK: John Wiley & Sons, 2013.

[74] Nie Xuefang, Wang Yang, Ding Liqin, et al. Joint Optimization of FeICIC and Spectrum Allocation for Spectral and Energy Efficient Heterogeneous Networks [J]. IEICE Transactions on Communications, E101B (6): 1462-1475.

[75] ElSawy H, Hossain E, Haenggi M. Stochastic Geometry for Modeling, Analysis, and Design of Multi-Tier and Cognitive Cellular Wireless Networks: A Survey[J].IEEE Communications Surveys & Tutorials, 2013, 15 (3): 996-1019.

[76] Ganti R K, Haenggi M. Interference and Outage in Clustered Wireless Ad Hoc Networks [J]. IEEE Transactions on Information Theory, 2009, 55 (9): 4067-4086.

[77] Jakó Z, Jeney G. Outage Probability in Poisson-Cluster-Based LTE Two-Tier Femtocell Networks [J]. Wireless Communications and Mobile Computing, 2015, 15 (18): 2179-2190.

[78] Haenggi M. Mean Interference in Hard-Core Wireless Networks [J]. IEEE Communications Letters, 2011, 15（8）: 792-794.

[79] Andrews J G, Baccelli F, Ganti R K. A Tractable Approach to Coverage and Rate in Cellular Networks[J]. IEEE Transactions on Communications, 2011, 59（11）: 3122-3134.

[80] Nie Xuefang, Wang Yang, Zhang Jiliang, et al. Performance analysis of FeICIC and adaptive spectrum allocation in heterogeneous networks [C]. International Conference on Telecommunications(ICT). Limassol, Cyprus, 2017: 1-5.

[81] Dhillon H S, Ganti R K, Baccelli F, et al. Modeling and Analysis of K-Tier Downlink Heterogeneous Cellular Networks[J]. IEEE Journal on Selected Areas in Com-munications, 2012, 30（3）: 550-560.

[82] Yu S M, Kim S L. Downlink Capacity and Base Station Density in Cellular Networks[C]//proc. IEEE WiOpt. Japan: Univ. of Tsukuba, 2013: 119-124.

[83] Singh S, Dhillon H S, Andrews J G. Offloading in Heterogeneous Networks: Modeling, Analysis, and Design Insights[J]. IEEE Transactions on Wireless Communications, 2013, 12（5）: 2484-2497.

[84] Nokia Siemens Networks, Nokia. Aspects of Pico Node Range Extension[C].R1-103824, 3GPP TSG RAN WG1 Meeting 61. Dresden: 3GPP, 2010.

[85] Mukherjee S, Güvenc, I. Effects of Range Expansion and Interference Coordinationon Capacity and Fairness in Heterogeneous Networks[C]. Conference Record of the Forty Fifth Asilomar Conference on Signals, Systems and Computers (ASILO-MAR). Pacific Grove: IEEE, 2011: 1855-1859.

[86] Okino K, Nakayama T, Yamazaki C, et al. Pico Cell Range Expansion with Interference Mitigation Toward LTE-Advanced Heterogeneous Networks[C]. IEEE International Conference on Communications Workshops (ICC). Kyoto: IEEE, 2011: 1-5.

[87] Lin Y, Bao W, Yu W, et al. Optimizing User Association and Spectrum Allocation in HetNets: A Utility Perspective[J]. IEEE Journal on Selected Areas in Communications, 2015, 33（6）: 1025-1039.

[88] Madan R, et al. Cell Association and Interference Coordination in Heterogeneous LTE-A Cellular Networks[J]. IEEE Journal on Selected

Areas in Communications, 2010, 28（9）: 1479-1489.

[89] Lin Y, Yu W. Joint Spectrum Partition and User Association in Multi-Tier Heterogeneous Networks[C]//48th Annual Conference on Information Sciences and Systems（CISS）. Princeton: IEEE, 2014: 1-6.

[90] Sadr S, Adve R S. Tier Association Probability and Spectrum Partitioning for Maximum Rate Coverage in Multi-Tier Heterogeneous Networks[J]. IEEE Communications Letters, 2014, 18（10）: 1791-1794.

[91] Güvenc, I. Capacity and Fairness Analysis of Heterogeneous Networks with Range Expansion and Interference coordination[J]. IEEE Communications Letters, 2011, 15（10）: 1084-1087.

[92] Cierny M, Wang H, Wichman R, et al. On Number of Almost Blank Subframes in Heterogeneous Cellular Networks[J]. IEEE Transactions on Wireless Communications, 2013, 12（10）: 5061-5073.

[93] Singh S, Andrews J G. Joint Resource Partitioning and Offloading in Heterogeneous Cellular Networks[J]. IEEE Transactions on Wireless Communications, 2014, 13（2）: 888-901.

[94] Dhungana Y, Tellambura C. Multichannel Analysis of Cell Range Expansion and Resource Partitioning in Two-Tier Heterogeneous Cellular Networks[J]. IEEE Transactions on Wireless Communications, 2016, 15（3）: 2394-2406.

[95] Merwaday A, Mukherjee S, Güvenc I. Capacity Analysis of LTE-Advanced Het-Nets with Reduced Power Subframes and Range Expansion[J]. EURASIP Journal on Wireless Communications and Networking, 2014, 2014（1）: 189.

[96] Hu H, Weng J, Zhang J. Coverage Performance Analysis of FeICIC Low Power Subframes[J]. IEEE Transactions on Wireless Communications, 2016, 15（99）: 5603-5614.

[97] Gesbert D, Hanly S, Huang H, et al. Multi-Cell MIMO Cooperative Networks: A New Look at Interference[J]. IEEE Journal on Selected Areas in Communications, 2010, 28（9）: 1380-1408.

[98] Simeone O, Somekh O, Poor HV, et al. Local Base Station Cooperation Via Finite-Capacity Links for the Uplink of Linear Cellular Networks [J]. IEEE Transactions on Information Theory, 2009, 55（1）: 190-204.

[99] Venkatesan S, Lozano A, Valenzuela R. Network MIMO: Overcoming

Intercell Interference in Indoor Wireless Systems[C]//Asilomar Conference on Signals, Sys-tems and Computers. Pacific Grove: CA, 2007: 83-87.

[100] Marsch P, Fettweis G P. Coordinated Multi-Point in Mobile Communications: From Theory to Practice [M]. Cambridge, U.K.: Cambridge Univ. Press, 2011.

[101] Lopez-Perez D, Chu X, Guvenc I. On the Expanded Region of Picocells in Hetero-geneous Networks [J]. IEEE Journal of Selected Topics in Signal Processing, 2012, 6 (3): 281-294.

[102] Sakr A H, ElSawy H, Hossain E. Location-Aware Coordinated Multipoint Transmission in OFDMA Networks[C]. IEEE International Conference on Communica-tions (ICC). Sydney: Aust., 2014: 5166-5171.

[103] Nigam G, Minero P, Haenggi M. Coordinated Multipoint Joint Transmission in Heterogeneous Networks [J]. IEEE Transactions on Communications, 2014, 62 (11): 4134-4146.

[104] Baccelli F, Giovanidis A. A Stochastic Geometry Framework for Analyzing Pairwise-Cooperative Cellular Networks [J]. IEEE Transactions on Wireless Communications, 2015, 14 (2): 794-808.

[105] Xia P, Liu C H, Andrews J G. Downlink Coordinated Multi-Point with Overhead Modeling in Heterogeneous Cellular Networks [J]. IEEE Transactions on Wireless Communications, 2013, 12 (8): 4025-4037.

[106] Tanbourgi R, Singh S, Andrews J G, et al. A Tractable Model for Noncoherent Joint-Transmission Base Station Cooperation [J]. IEEE Transactions on Wireless Communications, 2014, 13 (9): 4959-4973.

[107] Nie W, Zheng F C, Wang X, et al. User-Centric Cross-Tier Base Station Clustering and Cooperation in Heterogeneous Networks: Rate Improvement and EnergySaving [J]. IEEE Journal on Selected Areas in Communications, 2016, 34 (5): 1192-1206.

[108] Sakr A H, Hossain E. Location-Aware Cross-Tier Coordinated Multipoint Transmission in Two-Tier Cellular Networks[J]. IEEE Transactions on Wireless Communications, 2014, 13 (11): 6311-6325.

[109] Checko A, Christiansen H L, Yan Y, et al. Cloud RAN for Mobile Networks—A Technology Overview [J]. IEEE Communications Surveys & Tutorials, 2015, 17 (1): 405-426.

[110] Peng M, Li Y, Jiang J, et al. Heterogeneous Cloud Radio Access Networks: A New Perspectivefor Enhancing Spectral and Energy Efficiencies [J]. IEEE Wireless Communications, 2014, 21 (6): 126-135.

[111] Dahrouj H, Douik A, Dhifallah O, et al. Resource Allocation in Heterogeneous Cloud Radio Access Networks: Advances and Challenges [J]. IEEE Wireless Communications, 2015, 22 (3): 66-73.

[112] Ran C, Wang S, Wang C. Balancing Backhaul Load in Heterogeneous Cloud Radio Access Networks[J]. IEEE Wireless Communications, 2015, 22 (3): 42-48.

[113] Lien S Y, Hung S C, Chen K C, et al. Ultra-Low-Latency Ubiquitous Connections in Heterogeneous Cloud Radio Access Networks [J]. IEEE Wireless Communications, 2015, 22 (3): 22-31.

[114] Li Y, Jiang T, Luo K, et al. Green Heterogeneous Cloud Radio Access Networks: Potential Techniques, Performance Trade-offs and Challenges [J]. IEEE Communications Magazine, 2017, 55 (11): 33-39.

[115] Nie Xuefang, Zhang Jiliang, Zhou Tianqing, et al. Cooperative Performance of Clustered Small Cell HetNets With mMIMO-Aided Self-Backhaul [J]. IEEE Communications Letters, 2021, 9(9): 1577-1580.

[116] López-Pérez D, Ding M, Claussen H, et al. Towards1Gbps/UEin CellularSystem-s: Understanding Ultra-Dense Small Cell Deployments [J]. IEEE Communications Surveys & Tutorials, 2015, 17 (4): 2078-2101.

[117] Kamel M, Hamouda W, Youssef A. Ultra-Dense Networks: A Survey [J]. IEEE Communications Surveys & Tutorials, 2016, 18 (4): 2522-2545.

[118] Peng M, Zhang K, Jiang J, et al. Energy-Efficient Resource Assignment and Power Allocation in Heterogeneous Cloud Radio Access Networks[J]. IEEE Transactionson Vehicular Technology, 2015, 64 (11): 5275-5287.

[119] Huang P H, Kao H, Liao W. Hierarchical Cooperation in Heterogeneous CloudRadio Access Networks[C]//IEEE International Conference on Communications (ICC). Shanghai: CN, 2016: 1-6.

[120] Peng M, Yan S, Poor H V. Ergodic Capacity Analysis of Remote Radio Head Associations in Cloud Radio Access Networks[J]. IEEE Wireless Communications Letters, 2014, 3 (4): 365-368.

[121] Zhou Tianqing, Qin Dong, Nie Xuefang, et al. Coalitional Game-Based User Association Integrated With Open Loop Power Control for Green

Communications in Uplink HCNs[J]. Wireless Personal Communications, 2021, 120（35）: 3117-3133.

[122] Nokia. Technology Vision 2020 Flatten Network Energy Consumption[R]. Eur.: Nokia Networks, 2014.

[123] Oh E, Krishnamachari B, Liu X, et al. Toward Dynamic Energy Efficient Operation of Cellular Network Infrastructure[J]. IEEE Communications Magazine, 2011, 49（6）: 56-61.

[124] Yu G, Jiang Y, Xu L, et al. Multi-Objective Energy-Efficient Resource Allocation for Multi-RAT Heterogeneous Networks[J]. IEEE Journal on Selected Areas in Communications, 2015, 33（10）: 2118-2127.

[125] Niu Z, Wu Y, Gong J, et al. Cell Zooming for Cost-Efficient Green Cellular Networks [J]. IEEE Communications Magazine, 2010, 48（11）: 74-79.

[126] Soh Y S, Quek T Q, Kountouris M, et al. Energy Efficient Heterogeneous Cellular Networks[J]. IEEE Journal on Selected Areas in Communications, 2013, 31（5）: 840-850.

[127] Liu C, Natarajan B, Xia H. Small Cell Base Station Sleep Strategies for Energy Efficiency [J]. IEEE Transactions on Vehicular Technology, 2016, 65（3）: 1652-1661.

[128] Su L, Yang C, Chih-Lin I. Energy and Spectral Efficient Frequency Reuse of Ultra Dense Networks[J]. IEEE Transactions on Wireless Communications, 2016, 15（8）: 5384-5398.

[129] Cao D, Zhou S, Niu Z. Improving the Energy Efficiency of Two-Tier Heterogeneous Cellular Networks Through Partial Spectrum Reuse[J]. IEEE Transactionson Wireless Communications, 2013, 12（8）: 4129-4141.

[130] Auer G, et al. How Much Energy is Needed to Run a Wireless Network?[J]. IEEE Wireless Communications, 2011, 18（5）: 40-49.

[131] Cho S r, Choi W. Energy-Efficient Repulsive Cell Activation for Heterogeneous Cellular Networks[J]. IEEE Journal on Selected Areas in Communications, 2013, 31（5）: 870-882.

[132] Correia L M, Zeller D, Blume O, et al. Challenges and Enabling Technologies for Energy Aware Mobile Radio Networks[J]. IEEE Communications Magazine, 2010, 48（11）: 66-72.

[133] Frenger P, Moberg P, Malmodin J, et al. Reducing Energy Consumption in

LTE with Cell DTX[C]//Vehicular Technology Conference（VTC Spring）. Yokohama：Japan，2011：1-5.

[134] Nie Xuefang, Zhao Junhui, Wang Yang, et al. Modeling and Analysis of FeICIC in OFDMA HetNets with Limited Backhaul Capacity[C]. International Conference on Wireless Communications and Signal Processing（WCSP）. Hangzhou, China, 2018：1-6.

[135] Correia L M, Zeller D, Blume O, et al. Challenges and Enabling Technologiesfor Energy Aware Mobile Radio Networks[J]. IEEE Communications Magazine, 2010, 48（11）.

[136] Debaillie B, Desset C, Louagie F. A Flexible and Future-Proof Power Model for Cellular Base Stations[C]//81st Vehicular Technology Conference（VTC Spring）.Glasgow：UK, 2015：1-7.

[137] Claussen H, Ashraf I, Lester H. Dynamic Idle Mode Procedures for Femtocells[J]. Bell Labs Technical Journal, 2010, 15（2）：95-116.

[138] Cao P, Liu W, Thompson J S, et al. Semidynamic Green Resource Management in Downlink Heterogeneous Networks by Group Sparse Power Control[J]. IEEE Journal on Selected Areas in Communications, 2016, 34（5）：1250-1266.

[139] TR36.819. Evolved Universal Terrestrial Radio Access（E-UTRA）; Physical Channels and Modulation[R]. Eur.：3GPP, 2012.

[140] 张文健. 双层毫微微小区网络性能的研究与优化[D]. 武汉：武汉大学, 2012.

[141] Kyocera. Potential Performance of Range Expansion in Macro-Pico Deployment[R]. USA：3GPP, 2010.

[142] Ha V N, Le L B, et al. Coordinated Multipoint Transmission Design for Cloud RANs with Limited Fronthaul Capacity constraints[J]. IEEE Transactions on Vehicular Technology, 2016, 65（9）：7432-7447.

[143] Wang F, Chen W, Tang H, et al. Joint Optimization of User Association, Subchannel Allocation and Power Allocation in Multi-cell Multi-association OFDMA Heterogeneous Networks[J]. IEEE Transactions on Communications, 2017.

[144] Haenggi M. Stochastic Geometry for Wireless Networks[M]. U.K.：Cambridge University Press, 2012.

[145] Okabe A. Spatial Tessellations：Concepts and Applications of Voronoi

Diagrams[M]. USA: John Wiley, 2012.

[146] Ferenc J S, Néda Z. On the Size Distribution of Poisson Voronoi cells[J]. Physica A: Statistical Mechanics and Its Applications, 2007, 385 (2): 518-526.

[147] Dhillon H S, Andrews J G. Downlink Rate Distribution in Heterogeneous Cellular Networks Under Generalized Cell Selection[J]. IEEE Wireless Communications Letters, 2014, 3 (1): 42-45.

[148] Madhusudhanan P, Restrepo J G, Liu Y, et al. Downlink Performance Analysis for a Generalized Shotgun Cellular System[J]. IEEE Transactions on Wireless Communications, 2014, 13 (12): 6684-6696.

[149] Tam H H M, Tuan H D, Ngo D T, et al. Joint Load Balancing and Interference Management for Small Cell Heterogeneous Networks With Limited Bachhaul Capacity[J]. IEEE Transactions on Wireless Communications, 2017, 16 (2): 872-884.

[150] Kingman J F C. Poisson Processes[M]. London, U.K.: Oxford Univ. Press, 1993.

[151] Holtkamp H, Auer G, Giannini V, et al. A Parameterized Base Station Power Model[J]. IEEE Communications Letters, 2013, 17 (11): 2033-2035.

[152] Mukherjee S. Distribution of Downlink SINR in Heterogeneous Cellular Networks[J]. IEEE Journal on Selected Areas in Communications, 2012, 30 (3): 575-585.

[153] Zhang T, Zhao J, An L, et al. Energy Efficiency of Base Station Deployment in Ultra Dense HetNets: A Stochastic Geometry Analysis[J]. IEEE Wireless Communications Letters, 2016, 5 (2): 184-187.

[154] TR36.839. Evolved Universal Terrestrial Radio Access (E-UTRA); Mobility enhancements in heterogeneous networks[R]. France: 3GPP, 2012.

[155] Mahapatra R, Nijsure Y, Kaddoum G, et al. Energy Efficiency Tradeoff Mechanism Towards Wireless Green Communication: A Survey.[J]. IEEE Communications Surveys & Tutorials, 2016, 18 (1): 686-705.

[156] Pervaiz H, Musavian L, Ni Q, et al. Energy and Spectrum Efficient Transmission Techniques Under QoS Constraints Toward Green Heterogeneous Networks[J]. IEEE Access, 2015, 3: 1655-1671.

[157] Tang J, So D K, Alsusa E, et al. Resource Efficiency: A New Paradigm on Energy Efficiency and Spectral Efficiency Tradeoff[J]. IEEE Transactions on Wireless Communications, 2014, 13 (8): 4656-4669.

[158] Amin O, Bedeer E, Ahmed M H, et al. Energy Efficiency-Spectral Efficiency Tradeoff: A Multi-Objective Optimization Approach[J]. IEEE Transactions on Vehicular Technology, 2016, 65 (4): 1975-1981.

[159] Tsilimantos D, Gorce J M, Jaffrès-Runser K, et al. Spectral and Energy Efficiency Trade-Offs in Cellular Networks[J]. IEEE Transactions on Wireless Communications, 2016, 15 (1): 54-66.

[160] Jia C, Lim T J. Resource Partitioning and User Association with Sleep-Mode BaseStations in Heterogeneous Cellular Networks[J]. IEEE Transactions on Wireless Communications, 2015, 14 (7): 3780-3793.

[161] Tse D, Viswanath P. Fundamentals of Wireless Communication [M]. U.K.: Cambridge Univ. Press, 2005.

[162] Ng D W K, Lo E S, Schober R. Energy-Efficient Resource Allocation in OFDMA Systems with Large Numbers of Base Station Antennas[J]. IEEE Transactions on Wireless Communications, 2012, 11 (9): 3292-3304.

[163] Marler R T, Arora J S. Survey of Multi-Objective Optimization Methods for Engineering [J]. Structural and Multidisciplinary Optimization, 2004, 26 (6): 369-395.

[164] Dinkelbach W. On Nonlinear Fractional Programming [J]. Management Science, 1967, 13 (7): 492-498.

[165] Boyd S, Vandenberghe L. Convex Optimization [M]. U.K.: Cambridge UniversityPress, 2004.

[166] Bertsekas D P. Nonlinear Programming [M]. USA: Athena Scientific, 1999.

[167] Irmer R, Droste H, Marsch P, et al.Coordinated Multipoint: Concepts, Performance and Field Trial Results [J]. IEEE Communications Magazine, 2011, 49 (2): 102-111.

[168] Lee D, Seo H, Clerckx B, et al. Coordinated Multipoint Transmission and Reception in LTE-Advanced: Deployment Scenarios and Operational Challenges [J].IEEE Communications Magazine, 2012, 50 (2).

[169] Foschini G, Karakayali K, Valenzuela R. Coordinating Multiple Antenna Cellular Networks to Achieve Enormous Spectral Efficiency [J]. IEE

Proceedings Communications, 2006, 153（4）：548-555.

[170] 张琛, 粟欣, 王文清. 异构网络跨层协作传输技术研究[J]. 通信学报, 2017, 35（8）：198-205.

[171] Peng M, Zhang K. Recent Advances in Fog Radio Access Networks: Performance Analysis and Radio Resource Allocation [J]. IEEE Access, 2016, 4：5003-5009.

[172] Liu M, Teng Y, Song M. Performance Analysis of CoMP in Ultra-Dense Networks with Limited Backhaul Capacity [J]. Wireless Personal Communications, 2016, 91（1）：51-77.

[173] Moltchanov D. Distance Distributions in Random Networks[J]. Ad Hoc Networks, 2012, 10（6）：1146-1166.

学术专著相关研究成果

[1] Nie Xuefang, Wang Yang, Zhang Jiliang and DingLiqin. Coverage and Association Bias Analysis for Backhaul Constrained HetNets with eICIC and CRE [J]. Wireless Personal Communications, 2017, 97(4): 4981-5002. (第一作者, SCI 检索)

[2] Nie Xuefang, Wang Yang, Ding Liqin and Zhang Jiliang. Joint Optimization of FeICIC and Spectrum Allocation for Spectral and Energy Efficient Heterogeneous Networks [J]. IEICE Transactions on Communications, 2018, E101B(6): 1462-1475. (第一作者, SCI 检索)

[3] Nie Xuefang, Zhang Jiliang, Zhou Tianqing, Li Xuan, Yao Yu and Wang Yang. Location-Aware Cross-Tier Cooperation for Massive MIMO Heterogeneous Networks [J]. IEEE Wireless Communications Letters, 2020, 9(9): 1577-1580. (第一作者, SCI 检索)

[4] Nie Xuefang, Wang Yang, Zhang Jiliang and Ding Liqin. Performance analysis of FeICIC and adaptive spectrum allocation in heterogeneous networks [C]. International Conference on Telecommunications (ICT). Limassol, Cyprus, 2017: 1-5. (第一作者, EI 检索)

[5] Nie Xuefang, Zhao Junhui, Wang Yang, Kang Lichun, Ding Liqin and Zhang Jiliang. Modeling and Analysis of FeICIC in OFDMA HetNets with Limited Backhaul Capacity [C]. International Conference on Wireless Communications and Signal Processing (WCSP). Hangzhou, China, 2018: 1-6. (第一作者, EI 检索)

[6] Zhou Tianqing, Qin Dong, Nie Xuefang, et al. The Design of Load Balancing Mechanism under Fractional Frequency Reuse for Heterogeneous Cellular Networks[C]. IEEE International Conference on Computer and Communications (ICCC), 2019: 1-6. (第三作者, EI 检索)

[7] He Zhiqiang, Wang Yang, Ding Liqing, Nie Xuefang. Research on three-dimensional omnidirectional wireless power transfer system for

subsea operation[C]. OCEANS 2017-Aberdeen. 2017：1-5.（第四作者，EI 检索）

[8] 聂学方, 郭勇, 胥飞燕, 杨静. 优盘适配器在发酵罐自控系统中的应用[J]. 微计算机信息, 2009, 25（01）: 65-67.（第一作者, 中文核心）

[9] 聂学方, 朱臣臣, 刘昀鑫, 简豪欣, 范茗艺, 龙晶晶, 张晨, 陈慧琦, 陈远豪, 赵军辉. 一种舌诊 AI 图像采集装置[P]. 中国实用新型专利, ZL202122255561.4, 2021.

[10] 杨静, 郭勇, 聂学方. 井下矿工生命信息及环境信息监测系统的研究[J]. 矿业研究与开发, 2009, 5: 73-75.（第三作者, 中文核心）

[11] Zhou Tianqing, Qin Dong, Nie Xuefang, Xuan Li and Chunguo Li. Energy-Efficient Computation Offloading and Resource Management in Ultradense Heterogeneous Networks [J]. IEEE Transactions on Vehicular Technology, 2021. DOI: 10.1109/TVT.2021.3116955.（第三作者, SCI 检索）

[12] Zhou Tianqing, Liu Yanli, Qin Dong, Nie Xuefang. Joint Device Association and Power Coordination for H2H and IoT Communications in Massive MIMO Enabled HCNs [J]. IEEE Access, 2020, 8: 72971-72984.（第四作者, SCI 检索）

[13] 聂学方, 冯雅丽. 温度传感器 DS18B20 及实时时钟 DS12C887 在烟叶烘烤自动控制系统中的应用和设计[J]. 计算机与现代化, 2007（3）: 4.（第一作者, CSTPCD）

[14] 聂学方, 张晨, 龙晶晶, 廖龙霞, 周天清, 赵军辉. 一种电子干扰器[P]. 中国实用新型专利, ZL202121972099.3, 2021.

[15] Zhou Tianqing, Liu Yanli, Qin Dong, Nie Xuefang. Mobile Device Association and Resource Allocation in HCNs with Mobile Edge Computing and Caching [J]. IEEE Systems Journal, 2021.（第四作者, 在审）

[16] 聂学方, 范茗艺, 张晨, 简豪欣, 周天清, 廖龙霞, 赵军辉. 一种用于餐厅的机器人路径规划方法[P]. 中国发明专利, ZL202110993616.3, 2022.

[17] Zhou Tianqing, Qin Dong, Nie Xuefang, et al. Coalitional Game-Based User Association Integrated With Open Loop Power Control for Green Communications in Uplink HCNs[J]. Wireless Personal Communications, 2021, 120（4）: 3117-3133.（第三作者, SCI 检索）

[18] 聂学方, 邓锋, 张晨, 龙晶晶, 廖龙霞, 周天清, 赵军辉. 面向5G群簇协作通信异构系统和干扰抑制方法[P]. 中国发明专利, ZL202111155545.6, 2021.

致 谢

本书是在作者博士学位论文的基础上研究形成的著作：

聂学方，异构网络资源管理技术及性能研究，哈尔滨工业大学，2018.

本书属国家自然科学基金项目研究成果，获得国家自然科学基金项目支持：

聂学方，面向智能车路协同的超密集异构云雾网络资源管理技术研究（61961020），2020.01-2023.12。